GESCHICHTE

DER

CHEMISCHEN THEORIEN

SEIT LAVOISIER BIS AUF UNSERE ZEIT

VON

AD. WURTZ

DEUTSCH HERAUSGEGEBEN

VON

ALPHONS OPPENHEIM

Dr. Martin Sändig oHG.

1971

Dr. Martin Sändig oHG.
6229 Niederwalluf bei Wiesbaden

Unveränderter Neudruck der Ausgabe von 1870
ISBN 3 500 22870 4 — Printed in Germany

VORWORT.

Die Schrift, welche hiermit in deutscher Sprache dem Publikum dargeboten wird, erschien zuerst 1868 als Einleitung in das von dem Verfasser herausgegebene *Dictionnaire de Chimie* und später in Frankreich und in England auch in gesonderter Form und in wiederholten Abdrücken. Sie hat sich die Aufgabe gestellt, die vorzüglichsten Entwicklungsmomente der chemischen Theorien in geschichtlicher Form kurz und allgemein verständlich darzustellen.

An einer so fasslichen und gedrängten Darstellung fehlt es der deutschen Literatur bisher, und die individuelle Anschauung eines grofsen Naturforschers giebt dem Buche besonderen Reiz. Dafs nicht alles darin erwähnt werden konnte, was die Geschichte der Theorien angeht, hat zu Klagen geführt, und der erste Satz des Werkes begründet, dafs sich eine gewisse nationale Empfindlichkeit zu diesen Klagen hinzugesellt hat. Einen Angriff[1] dieser Art hat der Verfasser in einer Erklärung beantwortet,[2] die hier Platz finden möge:

„Der angegriffene Satz hat zu einem Mifsverständnisse „Veranlassung gegeben, das aufhören mufs. Indem ich „Lavoisier als den wahren Urheber der wissenschaftlichen

---

[1] R. Fittig im *Bulletin de la Société Chimique de Paris* 1869, Bd. I. pag. 276.

[2] Ebendaselbst, pag. 277.

„Chemie ansehe, habe ich ausdrücken wollen, daſs diese
„Wissenschaft französischen Ursprungs, daſs sie in Frank-
„reich geboren ist. Diese Auffassung konnte am Anfang
„einer geschichtlichen Auseinandersetzung wohl ihren
„Platz finden. Denn da die Wissenschaft in der That
„allen civilisirten Völkern angehört, ist es nicht mehr
„als billig, daſs die Geschichte unparteiisch entscheide,
„welchen Antheil jede Nation an derselben genommen
„hat. Von dieser Unparteilichkeit glaube ich nicht ab-
„gewichen zu sein. Die Gelehrten, welche an dem Fort-
„schritt der chemischen Theorien mitgearbeitet haben,
„finden sich ohne Unterschied der Nationalität auf jeder
„Seite citirt, und wenn berühmte Namen, wie Mitscher-
„lich, Kolbe, Hofmann, Graham, Frankland nicht öfter
„vorkommen, so möge man bedenken, daſs ich nicht eine
„Geschichte der Chemie, sondern eine kurze historische
„Darstellung ihrer Theorien habe schreiben wollen. Ich
„erlaube mir noch hinzuzufügen, daſs die obige Erklä-
„rung jenes Satzes: „„Die Chemie ist eine französische
„Wissenschaft"", nicht nur aus dem folgenden Satze:
„„„Sie wurde von Lavoisier begründet, dessen Anden-
„ken unsterblich ist"", sondern auch aus dem gan-
„zen Ton und Inhalt meiner Darlegung klar hervor-
„geht. Uebrigens erkenne ich an, daſs die literarische
„Form, in die ich diesen Gedanken gekleidet habe,
„Empfindlichkeit hervorrufen konnte, und ich bedaure es.
„Denn niemand kann die deutsche Wissenschaft höher
„stellen als ich. Niemand ist mehr bemüht gewesen, sie
„in Frankreich zu verbreiten; und wenn der Chemiker,
„welcher mich heute angreift, verdiente Anerkennung bei
„uns gefunden hat, so ist das zum Theil den Ueber-

„setzungen und Auszügen zuzuschreiben, welche ich von „der Mehrzahl seiner Arbeiten gegeben habe."

Im Sinne dieser Erklärung ist der Eingangssatz deutsch so ausgedrückt worden, dafs sein eigentlicher Inhalt unverfänglich hervortritt. In demselben Sinne ist auf Aufforderung des Verfassers Kekulé's Einflufs auf die Erkenntnifs der Atomigkeit des Schwefels in einer Note (pag. 125) bemerkt und Kolbe's Hinweis auf die secundären Alkohole in einem Zusatze am Ende des Schriftchens hervorgehoben worden, für den die Verantwortlichkeit übrigens auf den Herausgeber fällt. In allem Anderen bemüht sich die Uebersetzung einfach das Original wiederzugeben. Ein Theil derselben ist aus der Mitarbeit meines Freundes, Herrn Dr. E. Wohlwill, hervorgegangen.

Diese Bemerkungen würden als Vorwort genügen, wenn nicht eine Kritik im literarischen Centralblatt (1869 pag. 291 ff.) den betreffenden Satz der französischen Ausgabe in einer Weise besprächc, die Untersuchung verlangt. In einem durchaus ruhig gehaltenen Aufsatz, der mit den Anfangsbuchstaben Kr. eines wohlbekannten Chemikers unterzeichnet ist, finden sich einzelne Sätze, die mit jener Ruhe so wenig in Einklang stehn, dafs sie den Verdacht herausforderten, sie möchten von fremder Hand eingefügt sein. Eine nähere Nachforschung bestätigte diesen Verdacht in vollem Mafse. Die Sätze der Kritik: „Wurtz beginnt seine Geschichte der Ideen in der Chemie mit dem Satze: *La Chimie est une science française.* Dieser marktschreierische Trumpf bezeichnet schon genügend den Drehpunkt und das Ziel seiner Darlegungen" lauteten in Kr.'s Manuscript folgendermafsen: „Wurtz beginnt seine Darstellung der Entwicklung der Ideen in der Chemie mit dem Satze: *La Chimie est une science française*, und bezeichnet damit sehr treffend den Drehpunkt seiner Darlegung". Kein Widerspruch des Kritikers hat ihn gegen diese Entstellung seines geistigen Eigenthums von einem der Chemie völlig fern stehenden Redacteur schützen können. Die mildeste Erklärung einer solchen Handlungsweise muſs dieselbe auf eine Art von Chauvinismus, von furor teutonicus, zurückführen, welche Wissen und Gewissen gefangen nimmt.

An die Stelle der Ueberschätzung des Auslandes ist seit Lessing nicht selten der entgegengesetzte Fehler getreten. Während jede auch unbeabsichtigte Kränkung deutscher Ansprüche uns in gerechten Eifer versetzt, haben nur zu häufig vom Auslande ausgehende Theorien und wissenschaftliche Anrechte in Deutschland eine übel angewandte nationale Opposition gefunden. Gerade so wie die elektrochemische Hypothese hier um so hartnäckiger festgehalten worden ist, weil sie von jenseits des Rheines aus bekämpft wurde, hat man 60 Jahre früher die Leiche des Phlogiston mit falsch verstandenem Patriotismus künstlich zu beleben versucht. Bekannt ist das Urtheil Wiegleb's: „Die französischen Chemiker lieſsen sich ein-„fallen, eine ganz neue chemische Kunstsprache zu ent-„werfen. Allein sie hat selbst in Frankreich keinen „Beifall gefunden; von den Ausländern ist sie aber mit „Einer Stimme verworfen worden." „„Wiegleb irrte sich,"" fügt Kopp diesem Citate hinzu (Geschichte der Chemie, Bd. II. pag. 419) und an einer anderen Stelle: „„Ein gewisses nationales Gefühl .... lieſs zudem die deutschen Chemiker sich sträuben, Stahl's, ihres Landsmannes, System gegen die moderne „*Chimie française*" zu vertauschen"". (Bd. I. pag. 345.)

Machte man früher der exacten Chemie einen Vorwurf daraus, französischen Ursprungs zu sein, warum sollte es heute Lavoisier's Landsleuten verargt werden, stolz dieses Ursprungs zu gedenken? Der Begründer der wissenschaftlichen Chemie ist Derjenige, welcher das Princip der Unzerstörbarkeit der Materie zuerst bewiesen und zur grofsartigen Anwendung gebracht hat, und wenn eine neuere Schrift[1]) die Möglichkeit behauptet, spätere Jahrhunderte möchten dieses Princip wieder verwerfen, so liegt doch noch nicht der allergeringste Grund vor, zu glauben, dafs diese Möglichkeit jemals zur Wahrheit werde.

Allerdings giebt es noch deutsche Chemiker, welche den Einflufs Lavoisier's auf die Begründung der exacten Chemie nicht höher anschlagen, als den seiner Vorgänger Scheele, Black, Priestley, Cavendish, ja selbst Stahl's, und diese stützen sich auf einen Ausspruch Liebig's im Anfang des dritten seiner Chemischen Briefe.

Anders urtheilen die Engländer. Sir Humphry Davy, dessen Competenz niemand bestreiten wird, denkt in dieser Frage folgendermafsen[2]): „Die Chemie hat erst „mit den Arbeiten Lavoisier's eine philosophische Form „angenommen. Das Princip, welches dieser grofse Mann „zur Grundlage der Wissenschaft gemacht hat, war, „keinen Körper als zusammengesetzt gelten zu lassen, „dessen Elemente man nicht erhalten hatte."

---

[1]) Ladenburg, Entwickelungsgeschichte der Chemie, pag. 16.
[2]) *Fragmentary remains of Sir Humphry Davy, edited by his brother John Davy.* London, Churchill 1858, pag. 202.

Noch deutlicher redet Englands Polyhistor, Philosoph und Historiker James Buckle in seiner berühmten Geschichte der Civilisation[1]): „Dafs wir Frankreich die „Existenz der Chemie als Wissenschaft ver-„danken, mufs von Jedem zugestanden werden, „welcher das Wort Wissenschaft in dem Sinne auffafst, „welcher ihm allein zukommt, nämlich als ein Ganzes „von allgemeinen Begriffen, so unwiderleglich wahr, dafs „sie zwar später von höheren Begriffen eingeschlossen „werden, aber nicht umgestürzt werden können, mit an-„deren Worten, Begriffen, die absorptionsfähig, aber „nicht widerlegbar sind. . . . . . . Bis Lavoisier in die „Schranken trat, gab es keine allgemeinen Ideen, welche „umfassend genug gewesen wären, der Chemie Anrecht „auf den Namen einer Wissenschaft zu geben, oder um „genauer zu reden: die einzige allgemeine Idee, die da-„mals angenommen wurde, war die von Stahl, welche „der grofse Franzose nicht nur als unvollkommen, son-„dern als völlig unrichtig nachwies."

Auch für Deutschland wird die Zeit kommen, wo es nach langsamer Vollendung seiner politischen Umgestaltung die Verdienste heute glücklicherer Völker vorurtheilsfrei würdigen wird.

Dieser Schrift wird es zweifelsohne schon jetzt nicht an Lesern fehlen, die aus ihr Belehrung und unbefangene Freude schöpfen.

Berlin, im December 1869.

A. Oppenheim.

---

[1]) Englische Ausgabe. London Longmans 1867. Bd. II. pag. 366 und 367.

Die Chemie, als Wissenschaft, ist durch die unsterblichen Arbeiten Lavoisier's begründet worden. Jahrhunderte lang war sie nichts gewesen als eine Sammlung dunkler, häufig trügerischer Recepte für den Gebrauch der Alchemisten und später der Jatrochemiker. Vergebens hatte ein grofser Geist, Georg Ernst Stahl, im Anfang des 18. Jahrhunderts ihr eine wissenschaftliche Grundlage zu geben versucht. Sein System konnte den Thatsachen und der mächtigen Kritik Lavoisier's keinen Widerstand leisten.

Lavoisier's Wirksamkeit ist complicirter Natur: er war der Entdecker einer neuen Theorie und der Schöpfer der wahren chemischen Methode, und zwar gab die Vortrefflichkeit der Methode seiner Theorie Schwingen. Aus einer strengen Beobachtung der Verbrennungserscheinungen hervorgegangen, hat die letztere sich über alle wichtigen Thatsachen ausbreiten können, welche zu jener Zeit bekannt waren. Durch die Richtigkeit ihrer Anschauungen und die Tragweite ihrer Erfolge entwickelte sie sich zu einem System. Nach funfzehnjährigem Kampf feierte sie einen glänzenden Sieg, und länger als ein halbes Jahrhundert blieb sie unangegriffen. Dem Meister folgten grofse Schüler nach, um sein Werk zu befestigen und zu entwickeln. Dennoch war ein Theil der Wissenschaft ihren Arbeiten und dem System fremd geblieben, welches sich vorzugsweise mit den unorganischen Verbindungen beschäftigte. Die organische Chemie beschränkte sich damals auf die qualitative Beschreibung vegetabilischer und thierischer Extractivstoffe. Allerdings hatte der Entdeckungstrieb kostbare Materialien angesammelt, aber die Wissenschaft, welche in deren Zusammenordnung besteht, war noch nicht geboren. Noch fehlten für eine solche Ordnung die Elemente, die nur das Studium der Metamorphosen der organischen Verbindungen liefern konnte. Die atomistische Constitution dieser Verbindungen zu erkennen, durch sie ihre Eigenschaften zu erklären und ihre gegenseitigen Beziehungen festzustellen, das ist der Zweck der organischen Chemie. Die Natur und die Anzahl der Atome zu bestimmen, aus welchen sie bestehen, ihre Bildungsweisen, ihre Umwandlungen zu studiren, das sind die Mittel, über welche diese Wissenschaft gebietet.

Diese grofse Arbeit begann thatsächlich erst gegen 1830, und seit jener Zeit ward sie mit Kraft und Erfolg fortgesetzt. Sie ist noch unvollendet. Wie viele Thatsachen sind nicht in diesem langen Zeitraum angesammelt worden! Kein Gedächtnifs reicht aus, sie heute zu umfassen, und man kann ohne Uebertreibung sagen, dafs die Schätze der Wissenschaft seit Lavoisier um das Hundertfache vermehrt sind. Der Rahmen, in welchem sein Genius das System eingeschlossen hatte, ist darum zu eng geworden. Ein erweiterter Horizont eröffnete neue Aussichten. Kein Wunder, dafs die Theorien, welche dem Studium der organischen Verbindungen entsprangen und zuerst auf deren Gebiet beschränkt blieben, einen neuen Aufschwung nahmen und versuchten, die Grenze zu überschreiten, welche die organische Chemie von der Mineralchemie trennte. Diese Grenze ist in der That überschritten. Die heutigen Theorien umfassen das ganze Feld der Wissenschaft, und dank ihnen können wir mit Recht sagen, dafs es nur eine einzige Chemie giebt.

Ein solches Resultat ist weder das Werk eines Tages, noch die Errungenschaft einer Revolution: es ist die Frucht langsamen und beständigen Fortschreitens. Aber wenn wir die durchlaufene Bahn auf einen Augenblick vergessen und nur auf den Ausgangspunkt zurücksehen, so müssen wir gestehen, dafs der Fortschritt unermefslich ist. Im Vergleich mit der Wissenschaft von damals erscheint die heutige Wissenschaft nicht nur erweitert, sondern verwandelt, verjüngt.

Sind ihre Theorien vollendet und die neuen Wege, auf welchen sie unwiderstehlich voranschreitet, vollkommen geebnet? Schwerlich; aber die Gröfse des Fortschrittes erlaubt uns, diese Wege für gut und richtig zu halten. Stehen wir darum einen Augenblick still, um unsern Blick auf die durchmessene Bahn zurückzulenken und mit Genugthuung den Punkt ins Auge zu fassen, welcher erreicht ist.

LAVOISIER.

I.

Man hat Lavoisier's System das antiphlogistische genannt im Gegensatz zu der berühmten Theorie, welche Stahl in den letzten Jahren des 17. Jahrhunderts aufgestellt hatte, und die unter dem Namen der „Phlogistontheorie" bekannt ist. Den Keim derselben hatte dieser grofse Chemiker und Arzt in den Schriften Becher's [1]) gefunden. Dafs die Metalle ein brennbares Princip, „eine brennliche Erde" enthalten, das ist die Idee dieses letzteren Gelehrten, der noch unter dem Einflusse der Alchemisten steht, mit denen er eine gewisse Unstätigkeit des inneren und äufseren Lebens gemein hat. Aber dieser Einflufs war in der Abnahme begriffen, und die Ausdrucksweise Becher's konnte seinen Lehren nicht mehr zur Empfehlung dienen. . Sie gingen deshalb anfangs fast unbemerkt vorüber. Um ihnen Glanz und Eingang zu verschaffen, bedurfte es seines einflufsreichen Commentators Stahl. „Becheriana sunt quae profero", behauptete dieser, obgleich die Idee zu seiner eigenen ward. Er gab ihr einen klareren Ausdruck, eine allgemeinere Form und bildete sie so zu einer Theorie um [2]). Die brennliche Erde Becher's erhielt den Namen

---

[1]) Johann Joachim Becher ward 1635 in Speier geboren und starb in England im Jahre 1682. Seine ersten Ideen über die Natur der Metalle finden sich in den *Acta laboratorii chymici Monacensis seu physica subterranea* 1669 und ausführlich in seinem letzten Werk: *Alphabetum minerale seu viginti quatuor theses chymicae* 1682.

[2]) Georg Ernst Stahl, geboren zu Anspach 1660, starb 1734 als Leibarzt des Königs von Preufsen. Die älteste seiner chemischen

Phlogiston. Dasselbe war nach Stahl ein feines Princip, welches in den Metallen und im allgemeinen in allen verbrennlichen Körpern enthalten ist und durch ihre Verbrennung oder Verkalkung verloren geht. Durch Erhitzen eines Metalles an der Luft verliert es sein Phlogiston und geht in ein glanzloses Pulver, einen Metallkalk, über. Der Hammerschlag, welcher Funken sprühend von dem glühenden Eisen abspringt, ist dephlogistisirtes Eisen. Das gelbe Pulver, die Glätte, welches sich durch lange fortgesetzte Calcination des Bleis bildet, ist Blei, welches seines Phlogistons beraubt ist. Unverbrennliche Körper sind dieses Princips bar; entflammbare Körper sind besonders reich daran. Die Feuererscheinung ist nichts als eine kräftige Phlogiston-Entwicklung. Unter dem Einfluss des Feuers zersetzt sich ein Körper, und was nach der Verbrennung zurückbleibt, war zuvor eines der Elemente des brennbaren Körpers. So sind die Aschen der Metalle, oder die Metallkalke, in den Metallen selbst mit Phlogiston verbunden enthalten. Man kann ihnen das letztere zurückgeben, indem man sie mit Substanzen erhitzt, die, wie Kohle, Holz oder Oel, sehr reich an Phlogiston sind. Wenn man Glätte mit Kohlenpulver erhitzt, so regenerirt man metallisches Blei, weil das Phlogiston der Kohle entzogen und auf die Glätte übertragen wird, um mit der letzteren aufs neue Blei zu bilden.

Der Triumph einer Theorie besteht darin, möglichst zahlreiche und verschiedenartige Thatsachen zu umfassen. Die vorliegende fand mit gleichem Erfolge auf zwei Klassen entgegengesetzter Erscheinungen ihre Anwendung und stellte eine theoretische Verbindung zwischen ihnen her. Sie brachte die Verbrennungserscheinungen mit der Calcination der Metalle

---

Schriften, *Zymotechnia fundamentalis etc.*, vom Jahre 1697 enthält die Ideen Becher's und die Begründung der Phlogistontheorie. Nachdem er 1701 Becher's *Physica subterranea* neu herausgegeben hatte, entwickelte er seine Ideen besonders in den folgenden Werken: *Specimen Becherianum, fundamenta, documenta et experimenta sistens; Experimenta, observationes, animadversiones, CCC numero, chymicae et physicae* (1731).

an der Luft und mit ihrer Umwandlung in Metallkalke in Verbindung, erklärte beides und gab aufserdem eine einfache Auslegung der Reductions-Erscheinungen, die das Umgekehrte der ersteren sind.

Welche Rolle spielt aber die Luft bei der Verbrennung? Ueber diesen Punkt schwieg die Theorie, und doch war die Beobachtung ihr voraus und hatte seit lange die Wichtigkeit dieser Rolle vorempfinden lassen. Jean Rey, Arzt in Périgord, hatte dieselbe bereits seit 1630 beobachtet. Der erste Präsident der Royal society in London und gleichzeitig der erste wahre Chemiker, Robert Boyle, hatte die Thatsache, welche schon Rey bekannt war, bestätigt, dafs die Metalle durch ihre Calcination an der Luft an Gewicht zunehmen. Er fügte die wichtige Beobachtung hinzu, dafs die Umwandlung von Blei in Glätte in einem abgeschlossenen Volumen Luft dieses Volumen vermindert. Er sah ein, dafs die Luft ein Princip enthält, welches bei der Athmung und Verbrennung verzehrt wird. Sein Zeitgenosse und Landsmann, der Arzt John Mayow, hatte seit 1669 vermuthet, dafs die Luft nicht aus einer einzigen Substanz besteht, sondern Theilchen enthält, welche geeigneter sind als der Rest, um die Verbrennung zu unterhalten, und dafs diese Theilchen *(Particulae nitro-aëreae)* welche die brennenden Körper der Luft entziehen, auch von dem Blut in den Lungen absorbirt werden.

Aber alle diese Beobachtungen waren für die Theorie unfruchtbar geblieben. Man kümmerte sich um dieselben nicht oder schob sie mit oberflächlichen und irrigen Erklärungen bei Seite. Die Gewichtszunahme der Metalle durch die Calcination schob Robert Boyle auf die Absorption von Wärme. Stahl selbst kannte sie und erwähnte sie, ohne sie zu erklären. Er betrachtete sie als gleichgültiges Beiwerk.

Zu dieser Zeit bekümmerten sich die Chemiker einzig und allein um den äufseren Anschein der Thatsachen und beschränkten sich darauf, die qualitative Seite der Erscheinungen zu beschreiben. Das Studium der quantitativen Verhältnisse, die in den chemischen Reactionen hervortreten, wurde vernachlässigt, als wäre es für die Theorie ein unnützer Luxus, oder blieb doch für diese verloren.

II.

Eine neue Aera beginnt mit Lavoisier. Die Thatsachen, welche sich auf die Gewichtszunahme der Metalle während der Verbrennung beziehen, sind von ihm bestätigt, durch eine Reihe entscheidender Versuche vermehrt und durch eine glänzende Beweisführung aufgeklärt worden, so dafs sie in seinen Händen nicht nur zu einer Waffe gegen die Phlogistontheorie, sondern auch zum Grundstein eines neuen Systems wurden. Die Verbrennung ist keine Zersetzung, sondern eine Verbindung, welche vor sich geht, indem ein gewisses Element der Luft von dem brennbaren Körper fixirt wird. Dieser nimmt an Gewicht zu, indem er verbrennt, und die Gewichtszunahme ist genau dem Gewicht des hinzugetretenen gasförmigen Körpers gleich.

Als Priestley das Gas, welches vor allen andern fähig ist, die Verbrennung zu unterhalten, im Jahre 1774 entdeckte, erhielt diese Theorie eine neue Stütze. Lavoisier zeigte, dafs Priestley's Gas eines der Elemente der Luft ist, und nannte es Oxygène (Sauerstoff). Von jetzt an war die Rolle der Luft während der Verbrennung klar. Vergebens versuchten die letzten Vertheidiger des Phlogistons: Cavendish, Priestley, Scheele selbst, die Theorie Stahl's zu retten, indem sie dieselbe modificirten und behaupteten, die Rolle der Luft bestehe darin, brennbaren Körpern das Phlogiston zu entziehen. Priestley behauptete, ein Gas sei um so geeigneter, die Verbrennung zu unterhalten, je weniger Phlogiston es selbst enthalte; die Luft enthalte sehr wenig; das Gas, welches besonders geeignet ist, die Verbrennung zu unterhalten, enthalte gar keines; der andere Bestandtheil der Luft hingegen sei damit gesättigt und daher unfähig, die Verbrennung zu unterhalten. Diese Schlüsse, welche ein unverbrennliches Gas (den Stickstoff) für besonders reich an Phlogiston ausgaben, entstellten die Theorie, statt sie zu retten. Lavoisier besiegte sie mit einem unwiderleglichen Einwurf, welcher sich aus den Gewichtsverhältnissen ergab. Das Ganze, so sagte er, ist gröfser als seine Theile; da die Verbrennungsproducte mehr wiegen als der brennbare Körper, so können sie kein Bestandtheil des letzteren sein. Denn die chemischen Reactionen können weder vernichten noch schaffen; die Materie ist unzerstörbar. Wenn daher die Körper bei ihrer Verbrennung an Gewicht wachsen, so müssen sie einen neuen Stoff in sich aufnehmen. Wenn umgekehrt die Metallkalke, die Oxyde, in den metallischen Zustand zurückgeführt werden, so geschieht das nicht dadurch, dafs man ihnen das Phlogiston wiedergiebt, sondern dadurch, dafs sie den Sauerstoff verlieren, welcher in ihnen enthalten ist. Auf diese Weise stellte Lavoisier zuerst die Natur der Metalle fest und bestimmte allgemein den Begriff der Elemente. Er erkannte als solche die Körper an, aus denen man nur eine einzige Art von Materie ziehen kann, und die unter dem Einflusse der verschiedensten Einwirkungen unzerstörbar, unzersetzbar, immer dieselben bleiben. Indem er so einer grofsen Anzahl elementarer Körper das Siegel einer bestimmten Individualität aufdrückte, reformirte er endgültig die alten Ideen über die Natur der einfachen Körper und begrub die Hoffnung auf ihre Verwandlung. Der Glaube an dieses Blendwerk von Jahrhunderte langer Dauer, welchen die Anhänger der Phlogistontheorie weder ermuthigt noch zerstört hatten, mufste in der That so lange bestehen bleiben, als man die Metalle für zusammengesetzte Körper ansah. Die einfachen Körper, welche Lavoisier in der obigen Weise definirte, besitzen nach ihm die Fähigkeit, sich miteinander zu verbinden und zusammengesetzte Körper zu bilden, so dafs man in der Verbindung die ganze wägbare Materie der constituirenden Elemente wiederfindet. Diese grofsen Principien bilden die Grundlage der Chemie. Allgemein angenommen, erscheinen sie uns heute so einfach, so über jeden Widerspruch erhaben, dafs sie sich gleichsam als Axiome aufdrängen. Damals waren sie es nicht, und der dauernde Ruhm Lavoisier's besteht darin, sie ausgesprochen, besser gesagt, sie bewiesen zu haben. Er that das in einer Reihe von Arbeiten, welche durch die Idee, die in ihnen vorherrscht, eng mit einander zusammenhängen und durch den Scharfsinn ihrer Experimente, die Klarheit ihrer Darstellung und die Strenge ihrer Beweise unvergänglich geworden sind. Und wenn an Wichtigkeit irgend etwas mit den Entdeckungen des grofsen Meisters wetteifern konnte, so war es seine Methode, welche in der Anwendung der Wage auf alle chemischen Erscheinungen besteht und sein gehört, weil er sie zur Grundlage der Wissenschaft gemacht hat. Cavendish, Bergmann, Marggraff hatten quantitative Analysen gemacht, aber Keiner von ihnen hat daran gedacht, das Studium der Gewichtsverhältnisse für die Lösung von theoretischen Fragen zu verwenden. Diese Idee und dieses Verdienst hat Lavoisier gehabt. Nur die Methode, welche er eingeführt hat, ist in der Chemie anwendbar. Sie ist bis heute noch unersetzt, und wird schwerlich jemals durch eine andere verdrängt werden können.

Da er das Studium der Verbrennungserscheinungen zum Ausgangspunkt seiner Theorie nahm, hat Lavoisier natürlich dem Sauerstoff und dessen Verbindungen die gröfste Aufmerksamkeit geschenkt. Er hat die wichtige Rolle aufgedeckt, welche diesem Gase bei der Bildung der Säuren, Oxyde und Salze zukommt. Die Grundsätze, welche ihn bei dem Studium dieser Verbindungen des Sauerstoffs, den wichtigsten von allen, geleitet haben, liefsen sich leicht auf alle chemischen Verbindungen anwenden. So entstand eine allgemeine Theorie, welche gegen 1775 den damals herrschenden Stahl'schen Ideen gegenübertrat. Der Kampf war lebhaft, und Diejenigen, welche nächst Lavoisier durch ihre Entdeckungen am meisten dazu beigetragen hatten, die Phlogistontheorie zu erschüttern, waren schliefslich ihre hartnäckigsten Anhänger. Scheele starb 1786, 43 Jahr alt, wenn auch nicht von der Idee des Phlogistons in dem Sinne, welchen Stahl damit verbunden hatte, fest überzeugt, so doch als energischer Vertheidiger des Wortes, abhängig von der Gewohnheit, welche die Welt beherrscht. Um dieselbe Zeit, 1784, als die neue Lehre in Frankreich bereits alle klaren Köpfe, Berthollet an ihrer Spitze, für sich eingenommen hatte, veröffentlichte Cavendish eine eingehende Auseinandersetzung und sinnreiche Vertheidigung der Phlogistontheorie. Später gab er, ohne gerade beizustimmen, seinen Widerspruch auf. Priestley liefs im Kampf niemals nach. Er starb 1804 an den Quellen des Susquehannah in der neuen Welt, wohin ihn sein unruhiger und widersprechender Geist getrieben hatte. Lavoisier wurde zwar in der Kraft des Mannesalters und inmitten der vollsten Thätigkeit hingerafft, hatte aber dennoch die Genugthuung, welche so entschiedenen Neuerern selten zu Theil wird, den Triumph seiner Ideen zu erleben. Als das Fallbeil der Revolution 1794 sein Leben zum Opfer forderte, war seine Theorie von der Mehrzahl der Urtheilsfähigen angenommen, und die wenigen Gegner, welche ihre Stimmen noch zu erheben wagten, konnten den Sturz einer bereits verurtheilten Lehre nicht länger aufhalten.

III.

Nachdem wir auf den vorhergehenden Seiten das Werk Lavoisier's mit breiten Strichen entworfen haben, wollen wir uns jetzt einzelnen Details zuwenden und ausführen, wie seine Lehre durch seine eigenen Entdeckungen und die seiner Nachfolger weiter entwickelt wurde.

Im Jahre 1772 übergab Lavoisier der Akademie eine versiegelte Mittheilung. Er behandelte darin zum ersten Mal die Gewichtszunahme der Metalle durch Calcination. Er bewies gleichzeitig, dafs der Schwefel und der Phosphor an Gewicht zunehmen, wenn sie an der Luft brennen, und dafs diese Gewichtszunahme von der Absorption einer gewissen Menge Luft herrührt. Er stellte endlich fest, dafs die Reduction der Metallkalke Entwicklung von Luft veranlafst.

Mehrere dieser Versuche sind in einer Abhandlung vom Jahre 1774 genau beschrieben. Indem er Zinn während längerer Zeit in einem geschlossenen Gefäfse geschmolzen erhielt, bemerkte er, wie vor ihm Boyle, eine Verminderung des Luftvolumens. Aber tiefer und geschickter als sein Vorgänger, verstand er es, nachzuweisen, dafs die Gewichtszunahme des Zinns genau dem Gewicht der Luft entspricht, die in das Gefäfs eintritt, wenn man es erkalten läfst und öffnet. Auf diese Weise bewies er, dafs das Zinn an Gewicht zunimmt, weil es Luft absorbirt; denn die Luft, welche in dem Gefäfs durch Absorption verschwindet, wiegt offenbar ebensoviel, wie das gleiche Volumen Luft, welches dieselbe am Ende des Versuchs ersetzt.

Kurz nach der Entdeckung des Sauerstoffs durch Priestley im Jahre 1774 veröffentlichte Lavoisier eine neue Abhandlung, in welcher er zeigte, dafs bei der Calcination der Metalle und bei der Verbrennung nicht die ganze Luft, sondern nur einer ihrer Bestandtheile absorbirt wird, der Sauerstoff. Er nannte denselben zuerst *air vital*, oder Luft, die besonders geeignet ist, die Verbrennung und die Athmung zu erhalten. Indem er dies Gas, wie es Priestley gethan hatte, durch Erhitzen des Quecksilberkalks bereitete, bewies er, dafs dieser eine Verbindung von Quecksilber mit Sauerstoff sei, und nahm nach Analogie an, dafs alle Metallkalke eine ähnliche Zusammensetzung haben. Er stellte sie dar als zusammengesetzt aus Metall und *air vital* (Lebensluft, Sauerstoff).

Indem er die Thatsache in Erwägung zog, welche zu seiner Zeit bereits bekannt war, dafs die Metallkalke durch Erhitzen mit Kohle in Metalle verwandelt werden, während sich fixe Luft (Kohlensäure) entwickelt, betrachtete Lavoisier diese letztere als eine Verbindung von Kohle und Lebensluft. Er erkannte aufserdem, dafs die Lebensluft eines der Elemente des Salpeters sei, welcher die Verbrennung der Kohle in so lebhafter Weise unterhält und dabei fixe Luft entwickelt. Die Zusammensetzung dieses Gases wurde etwas später durch eine glänzende Synthese bewiesen. Indem er zum ersten Male, seit dem berühmten Versuch des Akademikers *Del Cimento*, den Diamant verbrannte, zeigte Lavoisier, dafs das einzige Produkt dieser Verbrennung die fixe Luft sei, welche später Kohlensäure genannt wurde.

Auf diese Weise begannen seine Untersuchungen über die Zusammensetzung der Säuren, die im Jahre 1777 durch das Studium der Phosphorsäure fortgesetzt wurden, welche durch Verbrennung des Phosphors entsteht. Nachdem er aufs neue festgestellt hatte, dafs dieser letztere durch seine Verbrennung an Gewicht zunimmt, bestimmte Lavoisier genau die Rolle, welche bei dieser Erscheinung die Luft spielt, indem er nachwies, dafs der fünfte Theil des Volumens derselben durch den Phosphor absorbirt wird. Andere Versuche, welche er im Laufe desselben Jahres unternahm, bestärkten ihn in der Schlufsfolgerung, dafs von den beiden Elementen der Luft nur das eine, der Sauerstoff, die Verbrennung zu unterhalten fähig ist.

Seine Arbeiten über die Zusammensetzung der Schwefelsäure reihen sich dem eben Besprochenen an. Er bewies darin, dafs sich diese Säure von dem Schwefligsäuregas durch eine gröfsere Menge Sauerstoff unterscheidet. Ebenso wies er die Beziehungen nach, welche in der Zusammensetzung der Salpetersäure und des Stickoxyds bestehen, welches Scheele vor kurzem entdeckt hatte. Er bezeichnete als ein dazwischen liegendes Product die rothen Dämpfe, welche durch directe Oxydation des Stickoxyds entstehen. Alle diese Arbeiten beweisen mit Gewifsheit die Rolle, welche bei der Bildung von Säuren diese „zur Unterhaltung der Verbrennung und der Athmung vor allem geeignete" Luftart spielt, welche er zuerst in einer Abhandlung vom Jahre 1778 Oxygène (Sauerstoff) nannte.

Später kam er auf die Oxyde zurück und wandte darauf seine Aufmerksamkeit den Salzen zu. Er bemühte sich, die Verhältnisse zu bestimmen, in welchen sich der Sauerstoff mit den Metallen verbindet, und stellte die Oxyde als die nothwendigen Elemente aller Salze auf. Vor ihm war die Constitution der letzteren allgemein verkannt worden. Bald stellte man dieselben dar als Verbindungen von Säuren mit Metallen, bald als Verbindungen von Säuren mit Metallkalken, indem man die bis dahin bekannten Thatsachen zur Unterstützung beider Anschauungsweisen herbeirief. Bekanntlich kann die Bleiglätte ein Salz bilden, indem sie sich in Essig löst. Aber andererseits sind zahlreiche Salze bekannt, welche durch die Einwirkung von Säuren auf Metalle entstehen. Entsteht doch der weiße Vitriol oder das schwefelsaure Zink, wenn man metallisches Zink mit verdünnter Schwefelsäure begießt. Die Entwicklung von Wasserstoff, welche diese Lösungen begleitet, ward anfangs nicht beachtet und später auf irrthümliche Weise erklärt. Lavoisier bewies, daß dieser Wasserstoff von der Zersetzung des Wassers herrührt, welches an der Reaction theilnimmt und dessen Sauerstoff von dem Zink fixirt wird. Also nicht das metallische Zink, sondern das oxydirte Zink, das Zinkoxyd ist es, welches sich mit der Schwefelsäure verbindet.

Verschieden ist die Art der Einwirkung bei analogen Resultaten, wenn sich Kupfer in Salpetersäure löst. Hier zersetzt das Metall nicht das Wasser, welches auch bei dieser Reaction vorhanden ist, sondern einen Theil der Säure selbst, welche ihm Sauerstoff abgiebt. Das Kupfer verwandelt sich auf diese Weise in Oxyd, welches mit einem andern Theil der Salpetersäure zu einem Salz zusammentritt. Der Theil der Säure, welcher seinen Sauerstoff an das Metall abgiebt, wird durch diese Desoxydation in die rothen Dämpfe, die untersalpetrige Säure, verwandelt, welche sich dabei entwickelt.

Das ist die Erklärung, welche Lavoisier von der Auflösung der Metalle in Säuren gab, einer Erscheinung, deren Mannichfaltigkeit seine Vorgänger verwirrt hatte, und deren Sinn ihnen entgangen war. Der große Reformator führte sie auf eine doppelte Wirkungsweise zurück: auf Oxydation des Metalles und darauf folgende Vereinigung des gebildeten Oxyds mit der Säure.

Nachdem er so die Rolle des Sauerstoffs bei der Bildung der Säuren, der Oxyde und der Salze erkannt hatte, entwarf er mittelst einiger sehr einfacher Definitionen den Grundriß eines neuen chemischen Systems.

Eine Säure geht aus der Vereinigung eines einfachen, gewöhnlich nicht metallischen Körpers mit Sauerstoff hervor.

Oxyd heifst die Verbindung von Metall mit Sauerstoff.

Ein Salz bildet sich durch die Vereinigung einer Säure mit einem Oxyde.

Diese Grundsätze, welche für die Sauerstoffverbindungen bewiesen waren, konnten ohne Weiteres auf andere chemische Verbindungen ausgedehnt werden.

Ein Sulphid entsteht durch Verbindung des Schwefels mit einem Metall.

Ein Phosphid enthält Metall an Phosphor gebunden.

Die Chloride allein blieben noch, wenn auch nicht aus dem System, so doch aus dieser Reihe genauer Definitionen ausgeschlossen. Da nämlich das Chlor von Berthollet als Verbindung der Salzsäure mit Sauerstoff angesehen ward, so galten die Chloride lange Zeit für sauerstoffhaltige Salze. Aber dieser Irrthum, welcher später verbessert wurde, konnte der neuen Theorie keinen Abbruch thun, die den einfachen Körpern das Vermögen zuschrieb, sich mit einander zu vereinigen und so ohne Substanzverlust Verbindungen verschiedener Ordnung und verschiedener Complication zu bilden.

Wenn ein einfacher Körper sich mit einem andern einfachen Körper vereinigt, so entsteht eine binäre Verbindung erster Ordnung. Die Säuren, die Oxyde, die Sulphide u. s. w. gehören zu dieser Gattung von Verbindungen, der einfachsten von allen.

Aber Säuren und Oxyde besitzen selbst das Vermögen, sich mit einander zu vereinigen, um binäre Verbindungen der zweiten Ordnung zu bilden: nämlich die Salze.

Welches auch der Grad von Complication einer Verbindung sein mag, so kann man immer zwei constituirende Theile, zwei nähere Bestandtheile in ihr annehmen, die entweder einfache oder zusammengesetzte Körper sind. Das Eisensulphid enthält zwei constituirende Theile, den Schwefel und das Eisen, die beide einfache Körper sind. Im grünen Vitriol ist ein neuer einfacher Körper zu diesen hinzugetreten. Dieses Salz enthält nämlich Schwefel, Eisen und Sauerstoff; aber diese Elemente sind in solcher Weise mit einander verbunden, dafs der Sauerstoff zwischen dem Schwefel und dem Eisen getheilt ist und mit dem ersteren Schwefelsäure, mit dem andern Eisenoxyd bildet. Diese Säure und dieses Oxyd sind die näheren Bestandtheile des Salzes.

Alle chemischen Verbindungen sind also binär; dies ist der durchgehende Gedanke des Systems. In allen Verbindungen wirkt die Verwandtschaft auf zwei einfache oder zusammengesetzte Bestandtheile. Diese ziehen sich an und vereinigen sich in Folge eines gewissen Gegensatzes in ihren Eigenschaften welcher eben durch ihre Vereinigung ausgeglichen wird. Dies ist der Dualismus.

Das ist die Grundlage der Theorie und das Princip der chemischen Sprache, deren bewundernswürdige Präcision gegen Ende des letzten Jahrhunderts nicht am wenigsten zu dem Siege der in ihr liegenden Ideen beigetragen hat.

IV.

Im Parlament von Dijon befand sich damals als General-Advocat Guyton de Morveau, der seine Mufsezeit dem Studium der Chemie und der Mineralogie zuwandte. Er war in seinen öffentlichen Vorlesungen von der Unbequemlichkeit der damals herrschenden Nomenclatur betroffen worden; wenn man eine Sprache ohne Regeln und ohne Klarheit, eine Sammlung wunderlicher Wörter und beschwerlicher Synonyme Nomenclatur nennen kann. Im Jahre 1782 schlug er neue Namen vor, welche nicht angenommen wurden, die jedoch den Keim einer wirklichen Nomenclatur in sich trugen.

Der Zweck der Reform, welche Guyton de Morveau unternahm, war der, durch den Namen einer Substanz ihre Zusammensetzung auszudrücken.

Er fand kräftige Unterstützung bei Lavoisier, der seinerseits den Begründer der Nomenclatur zu der neuen Lehre herüberzog. Sie vereinigten sich im Jahre 1787, und durch den vorwiegenden Einfluſs Lavoisier's und die Mitwirkung Berthollet's und Fourcroy's ward die neue Sprache der neuen Theorie angepaſst.

Die Namen drücken von jetzt ab die Zusammensetzung der benannten Körper aus, und da diese binär sind, besteht jeder Name aus zwei Wörtern. Die Klasse der Sauerstoffverbindungen hat als Muster für alle anderen gedient.

Die einfachsten Sauerstoffverbindungen sind die Säuren und die Oxyde. Diese Wörter zeigen beide die Gegenwart von Sauerstoff an. Sie bestimmen das Genus der Verbindungen, während die Species durch ein anderes Wort bezeichnet wird, gewöhnlich durch ein Adjectiv, das den Namen des einfachen Körpers, Metalloids oder Metalls, ausdrückt, welches mit Sauerstoff verbunden ist. So sagt man, *acide sulphurique* (Schwefel-Säure), *oxyde de plomb*, oder *oxyde plombique* (Blei-Oxyd).

Wenn es sich darum handelt, die verschiedenen Oxydationsstufen desselben Körpers auszudrücken, so macht sich die Fruchtbarkeit der Nomenclatur durch viele scharfsinnige Hülfsmittel geltend. Sie setzt dem einen oder dem andern der beiden Wörter griechische Präpositionen vor oder verändert das Adjectiv durch verschiedene Endsilben.

So bezeichnet sie die verschiedenen Oxydationsstufen des Schwefels mit den Namen: *acides hypersulphureux* (unterschweflige Säure), *sulphureux* (schweflige Säure), *sulphurique* (Schwefelsäure). Die Oxydationsgrade des Bleis und des Mangans bezeichnet sie mit den folgenden Namen: Blei-Protoxyd (oder Blei-Oxydul) und Blei-Bioxyd (Blei-Oxyd), Mangan-Protoxyd (oder Mangan-Oxydul) und Mangan-Peroxyd.

Ebenso werden die Salze durch zwei Wörter bezeichnet, von denen eines die Gattung ausdrückt, welche durch die Säure, das andere die Species, welche durch die metallische Base bestimmt wird. Blei-Sulphat (schwefelsaures Blei) will also die Verbindung der Schwefelsäure mit dem Blei-Oxyd ausdrücken, Kalium-Sulfid (schwefligsaures Kali), die Verbindung der schwefligen Säure mit Kali.

Dieselben Grundsätze finden sich bei der Benennung der Verbindungen wieder, welche der Schwefel und der Phosphor mit den Metallen bilden.

Es würde hier nicht am Platze sein, auf diese Einzelnheiten einzugehen, da unser Zweck nur der ist, den Einfluſs der neuen Namen auf die Verbreitung der neuen Ideen hervorzuheben. Seit 1790 drängte sich die Grundanschauung des Lavoisier'schen Systems, nämlich die dualistische Natur der Verbindungen, dem Geist des Lesers, mochte er Gelehrter oder Anfänger sein, schon mit den Worten der chemischen Sprache auf, und die Gewalt, welche unter solchen Umständen dem Worte innewohnt, ist bekannt.

Obgleich dieses System auf Thatsachen beruhte, so war es doch nicht frei von Hypothesen. Indem es in den Salzen zwei getrennte Bestandtheile annahm und behauptete, daſs sich der Sauerstoff zwischen der Säure und der Base vertheile, setzte es eine bestimmte Gruppirung der Elemente voraus, welche sich nicht direct beweisen lieſs, und machte also eine Hypothese. Diese, in der chemischen Sprache klar ausgedrückt, drängte sich den Chemikern auf und wurde wie eine bewiesene Wahrheit von einer Generation an die andere überliefert. Allerdings war sie einfach und wahrscheinlich. Sie erklärte nicht nur die bekannten, sondern beförderte auch die Entdeckung von neuen und höchst wichtigen Thatsachen. Sie war nützlich, weil sie fruchtbar war.

Man wuſste am Ende des letzten Jahrhunderts, daſs die Alkalien, die alkalischen Erden und die Erden, z. B. das Kali, der Kalk und die Thonerde, die Eigenschaft besitzen, sich mit Säuren zu Salzen zu verbinden, und dennoch waren diese salzbildenden Basen noch nicht zerlegt worden. Lavoisier errieth ihre Natur, indem er sie den Oxyden gleichstellte; aber bisher hatte noch Niemand die metallischen Radicale aus ihnen dargestellt. Seit 1790 war eine Reihe vergeblicher Versuche zu ihrer Reduction gemacht worden. Diese Enttäuschungen hatten die Chemiker so entmuthigt, dafs die grofse Entdeckung H. Davy's im Jahre 1807 mit wahrer Ueberraschung aufgenommen wurde. Die Thatsache, welche der englische Chemiker bekannt machte, die Reduction der Alkalien durch den elektrischen Strom einer kräftigen Batterie, wurde bald darauf von Gay-Lussac und Thenard selbst bestätigt, die zuerst einigen Zweifel darüber ausgesprochen hatten. Diesen Chemikern ist es bekanntlich gelungen, das Kali und das Natron zu reduciren, indem sie dieselben der Einwirkung von Eisen bei sehr hohen Temperaturen aussetzten. Nur einige Erden, wie die Thonerde und die Magnesia, leisteten diesen mächtigen Zersetzungsmitteln Widerstand. Nachdem Oersted später gelehrt hatte, dafs man sie durch gleichzeitige Einwirkung von Chlor und Kohle bei Rothglühhitze in wasserfreie Chloride verwandeln könne, gelang es Woehler, diese Chloride mittelst der von Davy entdeckten Alkalimetalle zu zerlegen. Er isolirte auf diese Weise das Aluminium, welches später durch die Arbeiten H. St. Claire-Deville's zu einem nutzbaren Metalle wurde.

Alle diese Entdeckungen, welche sich an die Namen der gröfsten Chemiker dieses Jahrhunderts anreihen, gingen aus der Idee hervor, welche Lavoisier über die Constitution der Salze aufgestellt hatte.

In Bezug auf einen andern Punkt erwies sich die Theorie mangelhaft. Lavoisier hatte zuerst angenommen, dafs alle Säuren ein gemeinsames Element enthalten, welches er *Oxygène* (Sauerstoff) nannte, weil er es als das säurebildende Princip, den Generator der Säuren ansah. Dieser Ausspruch, obgleich in vielen Fällen richtig, war zu allgemein gehalten. Berthollet wies 1789 die darin liegende Uebertreibung nach, indem er durch Analyse des Schwefelwasserstoffs und der Blausäure zwei Körper kennen lehrte, die sauerstofffrei sind und dennoch saure Eigenschaften haben. Aber eine der wichtigsten Ausnahmen von Lavoisier's Regel ist die Salzsäure, deren Zusammensetzung später erkannt wurde.[1]) Dieselbe ist eine starke Mineralsäure, welche Kali neutralisirt, so wie es Schwefelsäure thut, und dabei ähnliche Erscheinungen hervorruft, nämlich eine bedeutende Temperaturerhöhung und die Bildung einer salzartigen, neutralen, weifsen Masse, die, wenn die Flüssigkeiten concentrirt sind, in kleinen Krystallen niederfällt. In beiden Fällen wird eine Säure von einer Base neutralisirt, indem ein Salz gebildet wird, und dennoch enthält die erstere dieser Säuren keinen Sauerstoff.

Was häufig in den Naturwissenschaften vorkommt, geschah auch hier. Diese Thatsachen, welche zuerst für die Theorie störend waren und als Ausnahmen betrachtet wurden, sind später der Ausgangspunkt einer neuen allgemeinen Anschauung geworden.

H. Davy gründete auf sie eine Theorie der Salze, welche Dulong unterstützte, die aber von ihren Zeitgenossen verworfen wurde, weil sie den überlieferten Ideen widersprach. Heute ist sie allgemein angenommen, und wir werden

---

[1]) Lavoisier und Berthollet sahen die Chlorwasserstoffsäure (Salzsäure) als Verbindung eines unbekannten Radicals mit Sauerstoff an. Bekanntlich zersetzt das Chlor im zerstreuten Tageslicht das Wasser und bildet Salzsäure, indem Sauerstoff frei wird. Hieraus zog Berthollet den Schlufs, dafs das Chlor eine Verbindung von Salzsäure mit Sauerstoff sei. Er nahm an, dafs das unbekannte Radical der Salzsäure mit Sauerstoff verschiedene Verbindungen geben kann, nämlich: mit einer kleinen Menge Sauerstoff: Salzsäure; mit einer gröfseren Menge: oxydirte Salzsäure (Chlor); mit einer noch gröfseren Menge: überoxydirte Salzsäure (*acide hyperoxymuriatiqne*), die Säure des chlorsauren Kalis.

Diese Theorie war mit den Ideen Lavoisier's in Einklang. Nach ihr waren die Chloride (Muriate) sauerstoffhaltige Salze. Sie herrschte bis 1810, wo Davy nachwies, dafs die einfachste Erklärung der Thatsachen, welche über das gelbe von Scheele entdeckte Gas bekannt waren, darin bestand, diesen Körper als ein Element anzusehen, dem er den Namen Chlor gab.

sie später auseinandersetzen. Der grofse Fortschrittsgedanke, die Neutralisation der Basen durch Wasserstoffsäuren und durch Sauerstoffsäuren als eine und dieselbe Erscheinung aufzufassen und durch dieselbe Theorie zu erklären, wodurch Lavoisier's Theorie über die Constitution der Säuren erschüttert wurde, entspringt ausden Thatsachen, welche Berthollet zu einer Zeit entdeckte, als diese Lehre eben ihre ersten Siege davontrug. Sie barg also seit ihrer Geburt den Keim ihres Unterganges in sich.

DALTON UND GAY-LUSSAC.

I.

Um die Zeit, da Lavoisier die Chemie in ihren Grundlagen erneuerte, arbeitete Wenzel, ein deutscher Gelehrter, im Stillen daran, die Vorstellungen über die Zusammensetzung der Salze, wie sie damals angenommen waren, durch genaue Analysen zu erweitern und schärfer zu bestimmen. Den Chemikern jener Zeit war die Thatsache aufgefallen, dafs zwei neutrale Salze durch Austausch von Basen und Säuren zwei neue Salze bilden können, die gleichfalls neutral sind. Mischt man z. B. concentrirte neutrale Lösungen von schwefelsaurem Kali und salpetersaurem Kalk, so bildet sich durch doppelte Zersetzung schwefelsaurer Kalk, der niederfällt, und salpetersaures Kali, das in Lösung bleibt. Die beiden neuen Salze sind neutral wie die beiden erstern, und es kam darauf an, die Fortdauer der Neutralität zu erklären. Wenzel war so glücklich, diese Erklärung zu finden. Er zeigte, dafs, wenn man zwei neutrale Salze in solchen Mengen mischt, dafs die Säure des ersten genau durch die Basis des zweiten neutralisirt wird, dann auch die Säure des zweiten genau ausreicht, um die Basis des ersten zu neutralisiren. Mit andern Worten, er zeigte, dafs, wenn zwei neutrale Salze sich wechselseitig zersetzen, die Neutralität fortbesteht, weil die relativen Mengen der verschiedenen Basen, die ein bestimmtes Gewicht irgend einer Säure neutralisiren, genau diejenigen sind, welche ein bestimmtes Gewicht einer andern Säure neutralisiren.

In dieser Erkenntnifs liegt der Ausgangspunkt für das Gesetz der Aequivalenz, wie es zwanzig Jahre später von

Richter nachgewiesen wurde. Die Mengen verschiedener Basen, welche 1000 Gramm Schwefelsäure neutralisiren, stehen zu einander in demselben Verhältnifs, wie die Mengen derselben Basen, welche 1000 Gramm Salpetersäure neutralisiren.

Die ersteren sind mit einander äquivalent, d. h. sie können sich einem bestimmten Gewicht Salpetersäure gegenüber vertreten. Aendert sich das Gewicht der Säure nicht, so bleibt auch das Gewicht einer jeden Basis unverändert; nimmt es zu oder ab, so nimmt auch das Gewicht einer jeden Basis in demselben Verhältnifs zu oder ab.

Die Gewichtsverhältnisse, nach denen sich die Säuren mit den Oxyden verbinden, sind also durchaus feste: das ist die bedeutungsvolle Thatsache, die aus diesen zu Ende des vorigen Jahrhunderts unternommenen Forschungen über die Zusammensetzung der Salze hervorgeht. Das Gesetz der Aequivalenz begreift in sich das Gesetz der bestimmten Verhältnisse.

Diese theoretischen Folgerungen, zu denen Wenzel's Arbeiten führten und die ihnen eine so hohe Bedeutung verleihen, wurden kaum beachtet; die Entdeckungen des Freiberger Chemikers wie die Forschungen, durch die sie von Richter[1]) vervollständigt wurden, geriethen bald in völlige Vergessenheit. Die Stunde Wenzel's und Richter's war noch nicht gekommen. Theoretische Ansichten einer höheren Art beschäftigten ihre Zeitgenossen. Die Kämpfe und Triumphe Lavoisier's nahmen damals alle Geister in Anspruch, und doch hätten die angeführten Thatsachen in der Deutung, die ihnen zwanzig Jahre später zu Theil wurde, dem neuen System zur Bekräftigung und Stütze dienen können.

Aber die theoretische Deutung fehlte noch. Sie ergiebt

---

[1]) Richter hat einige ungenaue Analysen veröffentlicht und hat sie unglücklicherweise gewissen noch irrthümlicheren theoretischen Ideen angepafst. Dieser Umstand hat alle seine Arbeiten in Mifscredit gebracht, und ihr Verdienst ist erst zwanzig Jahre später von Berzelius erkannt worden.

sich aus den Arbeiten eines englischen Gelehrten, dem die Wissenschaft eine Anschauung verdankt, wie seit Lavoisier keine tiefere und zugleich fruchtbarere aufgekommen war.

II.

Im Anfange dieses Jahrhunderts wurde in Manchester die Chemie von einem Manne gelehrt, der mit warmer Liebe zur Wissenschaft jenen edlen Stolz des Gelehrten verband, dem die Unabhängigkeit höher steht als Ehrenbezeigungen und dem der Ruhm gründlicher Arbeiten mehr gilt als eine leere Popularität. Wir reden von Dalton; sein Name ist einer der gröfsten in der Chemie.

Bei der Untersuchung über die Zusammensetzung zweier aus Wasserstoff und Kohlenstoff bestehenden Gase, des Sumpfgases und des ölbildenden Gases, erkannte er, dafs das letztere auf dieselbe Menge Kohlenstoff genau halbsoviel Wasserstoff enthält als das erstere. Er beobachtete ein analoges Verhalten in der Zusammensetzung der Kohlensäure und des Kohlenoxyds, und bei den Sauerstoffverbindungen des Stickstoffs.

Aus diesen Untersuchungen hat sich eine allgemeine Thatsache ergeben, die man folgendermafsen ausdrücken kann: Wenn ein Körper mit einem andern mehrere Verbindungen bildet, so finden, das Gewicht des einen von ihnen als constant angenommen, zwischen den verschiedenen Gewichtsmengen des andern sehr einfache Zahlenverhältnisse statt: die Verhältnisse 1 zu 2, 1 zu 3, 2 zu 3, 1 zu 4, 2 zu 5 u. s. w. Das ist das Dalton'sche Gesetz der multiplen Proportionen.

Diese grofse Entdeckung bot die glückliche Durchführung dessen, was Wenzel und Richter begonnen hatten. Diese Chemiker hatten festgestellt, dafs die Verbindung zwischen Säuren und Basen nach unveränderlichen und bestimmten Verhältnissen stattfindet. Dalton erkannte, dafs das Gleiche von den Verbindungen gilt, die einfache Körper mit einander eingehen.

Zur Thatsache der bestimmten Verhältnisse fügte er die Thatsache der multiplen Proportionen. Die Bedeutung seiner Arbeiten wäre vielleicht verkannt worden, wenn es nicht dem tiefblickenden Geiste Dalton's gelungen wäre, die aufgefundenen Thatsachen durch eine Hypothese von aufserordentlicher Tragweite zu erklären und sie durch eine sehr einfache Formel wiederzugeben. Er ging auf die Idee Leucipp's und das Wort Epikur's zurück und nahm an, dafs die Körper aus kleinen untheilbaren Theilchen beständen, welche er Atome nannte. Diesem alten und unbestimmten Begriff gab er einen bestimmten Sinn; einmal nahm er an, dafs für eine jede Art Materie den Atomen ein unveränderliches Gewicht zukomme, dann, dafs der Vorgang bei der Vereinigung verschiedener Arten Materie nicht in der Durchdringung ihrer Substanz bestehe, sondern in der Aneinanderlagerung ihrer Atome.

Geht man von dieser Grundhypothese aus, so finden die Thatsache der bestimmten Proportionen und die Thatsache der multiplen Proportionen eine einfache und genügende Erklärung.

Die bestimmten Proportionen, nach denen die Körper sich verbinden, entsprechen den unveränderlichen Verhältnissen zwischen den Gewichten der Atome, welche sich an einander lagern.

Die multiplen Proportionen zeigen die veränderliche Zahl von Atomen derselben Art an, welche sich mit einem oder mehreren Atomen einer andern Art verbinden können, sofern nämlich zwei Körper mehrere Verbindungen mit einander bilden.

Da solche vielfache Verbindungen nur durch das Hinzutreten neuer ganzer Atome entstehen können, so müssen offenbar die Zahlenverhältnisse zwischen diesen Atomen rational und im Allgemeinen einfach sein. Ferner bleibt das Verhältnifs zwischen den Atomen des einen und denen des andern Elements in allen Verbindungen unveränderlich, welches Gewicht man auch in Betracht ziehen möge. Nimmt man also von den Verbindungen, die durch Vereinigung zweier Elemente in verschiedenen Abstufungen gebildet sind, Quantitäten, die ein constantes Gewicht von einem der beiden enthalten, so ist klar, dafs die verschiedenen Gewichte des andern Elements Vielfache von einander sein müssen, wie es in den Molekülen die Atome des einen von den Atomen des andern sind.

Die bestimmten Verhältnisse, die multiplen Proportionen, nach denen sich die Körper verbinden, stellen die Gewichte ihrer Atome dar, nicht die absoluten Gewichte, sondern die relativen. Es sind Zahlen, die Gewichtsverhältnisse ausdrücken. Das Vergleichungsmittel ist das Gewicht des einen der Atome, das man als Einheit angenommen hat. Dalton wählte als Einheit den Wasserstoff. Wiegt das Atom des Wasserstoffs 1, wie grofs ist dann das Gewicht des Sauerstoffs? Nach Dalton 7; denn er nahm an, 7 Theile Sauerstoff seien erforderlich, um mit 1 Theil Wasserstoff Wasser zu bilden. Wir wissen jetzt, dafs die Zahl 7 ungenau ist, und dafs Wasser aus 8 Theilen Sauerstoff auf 1 Theil Wasserstoff besteht. Aber es kommt hier nur auf die Thatsache an, dafs die Zahlen 1 und 7, die Dalton als die Atomgewichte des Wasserstoffs und Sauerstoffs ansah, eben den Verhältnissen entsprechen, nach denen diese Körper sich zur Bildung von Wasser vereinigen. Seine Gegner konnten die Thatsache nicht leugnen; sie verwarfen aber die theoretische Deutung und wollten darum auch das Wort nicht anerkennen. Dalton's Atomgewichte nannte Wollaston Aequivalente, H. Davy Proportionalzahlen, und man sieht, dafs diese später gesonderten Begriffe Atomgewicht und Aequivalent anfangs neben einander gebraucht wurden und nichts weiter als die Gewichtsverhältnisse darstellten, nach denen die Körper sich verbinden. Wir wollen nicht unerwähnt lassen, dafs die von Dalton veröffentlichten Zahlenbestimmungen an Genauigkeit viel zu wünschen übrig liefsen, ein Umstand, der zu Ausstellungen Anlafs geben konnte, aber der Gröfse seiner Entdeckung und der Bedeutung seines Gedankens keinen Abbruch thut.

Noch eine wichtige Erkenntnifs hat er selbst aus der Idee der Atome hergeleitet. Entsteht eine gegebene Verbindung durch Aneinanderlagerung von Atomen verschiedener Natur, deren jedes ein bestimmtes Gewicht hat, so ist klar, dafs die Summe der Gewichte dieser Atome das Gewicht dieser Verbindung darstellen mufs, und die kleinste denkbare Menge derselben wird diejenige sein, welche die kleinste mögliche Zahl von Elementar-Atomen enthält. Diese kleinste denkbare Quantität der Verbindung nennt man ein Molekül des zusammengesetzten Körpers, und das Gewicht dieses Moleküls wird offenbar durch die Summe der Gewichte aller in ihm enthaltenen Elementar-Atome gebildet. Aber wenn sich zusammengesetzte Körper mit einander verbinden, folgen sie denselben Gesetzen, wie die einfachen Körper. Sie ziehen sich an und lagern sich an einander in ganzen Molekülen, d. h. alle Atome, aus denen das Molekül des einen der zusammengesetzten Körper besteht, lagern sich in ihrer Gesammtheit an alle Atome, die ein oder mehrere Moleküle des andern zusammengesetzten Körpers bilden. So tritt, wenn sich Kohlensäure mit Kalk verbindet, die Gesammtheit der Elementar-Atome, welche das Molekül der Säure bilden, zu den Atomen, welche das Molekül des Kalks bilden, und so entsteht ein Molekül kohlensaurer Kalk.

Es geht daraus hervor, dafs solche Verbindungen wie die andern nach bestimmten Proportionen und nach multiplen Proportionen stattfinden müssen.

Nach bestimmten Proportionen; denn man könnte sich keine Vorstellung machen, wie weniger als ein Molekül sich mit einem andern Molekül verbinden sollte. Jedes ganze Molekül aber hat ja sein bestimmtes Gewicht.

Nach multiplen Proportionen; denn falls ein zusammengesetzter Körper fähig ist, mit einem andern zusammengesetzten Körper mehrere Verbindungen zu bilden, müssen 1 oder 2 Moleküle des einen 1, 2 oder 3 ganze Moleküle des andern anziehen.

Man sieht, dafs das Gesetz der bestimmten Proportionen in der erweiterten Form und der Deutung, die ihm Dalton gab, die von Wenzel und Richter entdeckten Gesetze über die

Zusammensetzung der Salze als besonderen Fall umfaßt. So kann man das Werk des großen englischen Chemikers in folgenden drei Punkten zusammenfassen:

Das Gesetz der bestimmten Proportionen ward durch ihn bestätigt und verallgemeinert.

Das Gesetz der multiplen Proportionen ward in die Wissenschaft eingeführt.

Beide Gesetze wurden mit einander in Verbindung gebracht und durch die atomistische Hypothese theoretisch erklärt.

Dalton fand in seinem Landsmann Thomson einen überzeugten Vermittler seiner Lehre; aber auch an Gegnern hat es ihm nicht gefehlt. Der französischen Uebersetzung des berühmten *System of Chemistry*, in dem Thomson im Jahre 1807 Dalton's Entdeckungen und Ideen der Oeffentlichkeit übergeben hatte, schickte Berthollet eine im Jahre 1808 geschriebene Vorrede voraus. Er griff in derselben die atomistische Theorie und selbst die Thatsache der bestimmten Verhältnisse lebhaft an. Beide standen mit den Ansichten Berthollet's über die Gewichtsverhältnisse der Elemente in den Verbindungen wenig in Einklang.

Man kennt die tief eindringenden Untersuchungen dieses Forschers über die Affinität. Alle Körper besitzen in verschiedenem Grade Affinität zu einander; aber diese chemische Kraft unterliegt dem Einflusse verschiedener physikalischer Kräfte, wie der Elasticität, der Cohäsion, die ihre Wirkungen völlig modificiren können. Befinden sich zwei Salze neben einander in Lösung, so suchen die beiden Säuren sich in die beiden Basen zu theilen. Es suchen sich zwei neue Salze zu bilden vermöge einer doppelten Zersetzung, d. h. eines Austausches von Säuren und Basen. Dieser Austausch ist jedoch unvollständig und die Zersetzung bleibt bei einer gewissen Grenze stehen, so daß die beiden neuen Salze mit einer gewissen Menge der ursprünglichen unzersetzten Salze gemischt bleiben. Ist aber das eine der neuen Salze unlöslich oder flüchtig, so findet die Zersetzung vollständig statt; denn das betreffende Salz wird gewissermaßen dem Spiel der Anziehungen entzogen durch seine Elasticität, wenn es sich verflüchtigt, oder durch seine Cohäsion, wenn es sich niederschlägt. In beiden Fällen können seine Bestandtheile in dem Gemisch keine Wirkung mehr äufsern. So üben nach Berthollet auf die Affinität, die Ursache der chemischen Reactionen, gewisse physikalische Kräfte ihren Einflufs aus, und diese letzteren Kräfte allein bewirken zuweilen die Entstehung von Verbindungen bestimmter Zusammensetzung. Der Vorgang ist folgender.

Treten zwei Körper in Wechselwirkung, so kann die Cohäsion des einen durch die Affinität erst überwunden werden, wenn eine bestimmte Quantität des andern zur Wirkung kommt. Die Elemente der beiden Körper vereinigen sich dann nach einem festen Gewichtsverhältnifs. Oder können zwei Körper sich in veränderlichen Verhältnissen vereinigen, so mag unter ihren Verbindungen eine sich durch überwiegende Cohäsion oder Elasticität auszeichnen: dann sind in dieser die Elemente nach bestimmten Verhältnissen verbunden, weil die Verbindung krystallisirt, weil sie unlöslich oder flüchtig ist.

Berthollet erkennt also die bestimmten Proportionen nicht als allgemeines Gesetz an, sondern als etwas zufällig Eintreffendes, das unter dem Einflusse nicht chemischer Kräfte zu Stande kommt. Sobald diese Kräfte, die Cohäsion und die Elasticität, sich das Gleichgewicht halten, sei es in den wirkenden Substanzen, sei es in den Producten ihrer Verbindung, so kann die Affinität, ihrer Fesseln entledigt, frei wirken; sie unterliegt dann nur noch dem Einflufs der Massen. Die Verbindungen und überhaupt die chemischen Wirkungen können alsdann nach allen möglichen Verhältnissen vor sich gehen, je nach den Massen, die in Wirkung treten. Man begreift, wie der berühmte Gelehrte, der diese Sätze aufgestellt hatte, die Ideen Dalton's aufnehmen mufste. Er hat sie lebhaft bekämpft. Aber seine grofse Autorität vermochte nichts gegen die Autorität der Thatsachen. Die entgegengesetzte Lehre wurde durch Proust vertreten, der den Beweisgründen seines Gegners genaue Analysen von Oxyden und Schwefelmetallen entgegenstellte. Begonnen im Jahre 1801, zog sich dieser Streit bis in das Jahr 1808 hin. Er wird unvergessen bleiben, sowol um der Gröfse der erlangten Resultate willen, als der seltenen Eigenschaften wegen, die die Kämpfer bewährten, Beide gewandt im Streit, Beide in gleichem Grade beseelt von Wahrheitsliebe und auf mafsvolle Haltung bedacht.

Das Gesetz der bestimmten Proportionen, das Grundgesetz der Chemie, ist siegreich aus diesem Streite hervorgegangen. Seitdem ist es allgemein angenommen und hat, wie wir sagen dürfen, in unsern Tagen eine glänzende Bestätigung gefunden. Die Wahrheit, die annähernde Analysen dem Genie der Wenzel, Richter, Proust, Dalton, Wollaston enthüllt hatten, hat Stas durch Bestimmungen von nahezu absoluter Genauigkeit festgestellt. Nach Wenzel, Richter, Proust mufste man ein grofses Naturgesetz anerkennen, nach Stas kann man behaupten, dafs dieses Gesetz merklichen Störungen nicht unterworfen ist.

III.

In den ersten Jahren dieses Jahrhunderts, als die Frage, die uns hier beschäftigt, die Meister der Wissenschaft in Anspruch nahm, gewann ein junger Gelehrter, der kaum die polytechnische Schule verlassen hatte, in angestrengten Studien und in genauen Arbeiten die Vorbereitung zu den schönsten Entdeckungen. Auch Joseph Louis Gay-Lussac, im Jahre 1801 *Ingénieur-élève*, sollte ein grofser Meister werden. Seine Untersuchungen über die volumetrischen Verhältnisse, nach denen die Gase sich mit einander verbinden, haben zu dem zweifachen Ergebnifs geführt: einen neuen und entscheidenden Beweis zu Gunsten der bestimmten Proportionen zu liefern und für die atomistische Theorie einen festen Anhaltspunkt und einen neuen Ausdruck zu geben.

Wir wollen zunächst an die Thatsachen erinnern. Die Volumverhältnisse, nach denen Wasserstoff- und Sauerstoffgas sich verbinden, um Wasser zu bilden, waren nicht mit

Sicherheit festgestellt. Man hatte nach der Reihe angenommen, dafs diese Verbindung in dem Verhältnifs von 12 Volumen Sauerstoff zu 23 Volumen Wasserstoff, von 100 Volumen Sauerstoff zu 205 Volumen Wasserstoff, von 72 Volumen Sauerstoff zu 143 Volumen Wasserstoff vor sich geht. Gay-Lussac zeigte 1805, in einer gemeinsamen Arbeit mit A. v. Humboldt, dafs die beiden Gase genau nach dem Verhältnifs von 1 Volum des einen zu 2 Volumen des andern in Verbindung treten.

Im Jahre 1809 verallgemeinerte er diese Beobachtung und zeigte, dafs eine einfache Beziehung nicht nur zwischen den Volumen zweier Gase, die sich verbinden, stattfindet, sondern auch zwischen der Summe der Volume der Gase, die in Verbindung treten, und dem Volum, das die Verbindung selbst im Gaszustand einnimmt.

So vereinigen sich 2 Volume Wasserstoff mit 1 Volum Sauerstoff, um zwei Volume Wasserdampf zu bilden.

2 Volume Stickstoff verbinden sich mit 1 Volum Sauerstoff zu 2 Volumen Stickoxydul.

In beiden Fällen werden aus drei Volumen der gasförmigen Bestandtheile in Folge der Verbindung 2 Volume; das Verhältnifs 3 : 2 ist ein einfaches.

In andern Fällen findet man die Verhältnisse 2 : 2 oder 4 : 2. So vereinigt sich 1 Volum Chlor mit 1 Volum Wasserstoff, um 2 Volume Chlorwasserstoff zu bilden; 3 Volume Wasserstoff verbinden sich mit 1 Volum Stickstoff, um 2 Volume Ammoniak zu bilden.

Die Entdeckung Gay-Lussac's hat eine unermefsliche Tragweite. Um zu begreifen, welche weiteren Ergebnisse aus ihr folgen, wollen wir ihre Beziehung zu den früher entdeckten Thatsachen untersuchen.

Die Körper verbinden sich in bestimmten und einfachen Gewichtsverhältnissen, die nach Dalton die relativen Gewichte ihrer Atome ausdrücken.

Die Gase verbinden sich in bestimmten und einfachen Volumverhältnissen, d. h. man beobachtet ein einfaches Verhältnifs zwischen den Volumen der Gase, die Verbindungen eingehen.

Wenn man nun Dalton's Hypothese auf die Gase anwendet, müssen dann nicht offenbar die Gewichte der Volume von Gasen, die sich verbinden, die Gewichte ihrer Atome vorstellen? Verbindet sich z. B. 1 Volum Chlor mit 1 Volum Wasserstoff, so mufs das Gewicht von 1 Volum Chlor das Gewicht von 1 Atom Chlor und das Gewicht von 1 Volum Wasserstoff das Gewicht von 1 Atom Wasserstoff vorstellen. Nun sind aber die Gewichte gleicher Volume von Gasen, auf das des einen als Einheit bezogen, ihre Dichten.

Es mufs also eine einfache Beziehung zwischen den Dichten der Gase und ihren Atomgewichten statthaben.

Diese Beziehung besteht in der That. Wir werden sehen, dafs die Dichten der Gase zu einander in demselben Verhältnisse stehen wie ihre Atomgewichte oder einfache Vielfache derselben.

Die Entdeckung Gay-Lussac's hat also nicht nur das Gesetz der bestimmten Proportionen aufs Entschiedenste bestätigt, sondern auch der atomistischen Theorie zu wesentlicher Förderung gedient, indem sie zeigte, dafs die Dichten der Gase ein Mittel zur Bestimmung oder Controle der Atomgewichte gewähren. Und doch sind diese beiden Folgen der Gay-Lussac'schen Entdeckung durch einen sonderbaren Zufall gerade von Denen verkannt worden, die das gröfste Interesse daran hatten, auf sie hinzuweisen und ihre Anerkennung zu befördern. Dalton hat die Angaben Gay-Lussac's, als nicht streng zutreffend, in Zweifel gezogen. Gay-Lussac war der Meinung, die Thatsache der einfachen und bestimmten Verhältnisse zwischen den Volumen der in Verbindung tretenden Gase sei mit der Ansicht Berthollet's vereinbar, dafs die Körper sich im Allgemeinen in sehr veränderlichen Verhältnissen verbinden.[1] So versuchte er die Ideen Berthollet's

---

[1] Mémoires de la Société d'Arcueil, t. I, p. 232.

in dem Augenblick zu retten, wo er ihnen einen entscheidenden Stofs versetzte.

Wir haben soeben auf das Bestehen einer einfachen Beziehung zwischen den Dichten der Gase und den Gewichten ihrer kleinsten Theilchen hingewiesen. Kurze Zeit nach der Entdeckung Gay-Lussac's hat ein italienischer Chemiker versucht, dieselbe schärfer zu bestimmen. In einer im Jahre 1811 veröffentlichten Abhandlung hat Amedeo Avogadro[1]) die Ansicht ausgesprochen: die Gase bestehen aus materiellen Theilchen, die weit genug von einander abstehn, um jeder wechselseitigen Anziehung entzogen zu sein und nur der abstofsenden Kraft der Wärme zu folgen. Diese kleinen Massen nannte er integrirende oder constituirende Moleküle. Beim Uebergang in den Gaszustand löst sich, nach seiner Annahme, die Materie in integrirende Moleküle auf, deren Zahl für gleiche Volume dieselbe ist. Daraus folgt, dafs die Gewichte dieser integrirenden Moleküle der gasförmigen Körper sich wie die Dichten verhalten.

Avogadro wandte diesen Satz auf alle Gase, einfache wie zusammengesetzte, an. Nach seiner Auffassung waren also die integrirenden Moleküle nicht die eigentlich so genannten Atome, d. h. die kleinen Massen, die durch die chemische Kraft nicht mehr getheilt werden können, sondern Gruppen von Atomen, die durch Affinität vereinigt sind und durch die Wärme in Bewegung gesetzt werden. Mit einem Worte: sie waren, was man heute die Moleküle nennt. Da nun diese Moleküle in gleichen Volumen verschiedener Gase in gleicher Zahl enthalten sind, so mufs die Wärme ihre Entfernungen offenbar in gleicher Weise vermehren. Die Hypothese Avogadro's erklärt also, wie er selbst erörtert, die Thatsache,

---

[1]) Versuch eines Verfahrens zur Bestimmung der relativen Massen der Moleküle der Körper und der Verhältnisse, nach denen sie sich verbinden, von A. Avogadro. Journal de Physique, t. I, XXIII, p. 58; Juli 1811.

dafs dieselben Aenderungen der Temperatur und des Drucks bei allen Gasen nahezu dieselben Aenderungen des Volum zur Folge haben. Diese richtige und einfache Auffassungsweise scheint der Aufmerksamkeit der Zeitgenossen entgangen zu sein; sei es nun, dafs es Avogadro an der nöthigen Autorität fehlte, sie in Aufnahme zu bringen, oder dass er sie durch den Versuch seine Hypothese auch auf nicht gasförmige Körper auszudehnen in Mifscredit gebracht hat. Ampère hat diese Hypothese von neuem 1814 erörtert. Er nennt die integrirenden Moleküle Avogadro's Partikel (*particules*), die Atome Moleküle. „Ich bin von der Annahme ausgegangen," sagt[1]) er, „dafs beim Uebergang der Körper in den gasförmigen Zustand nur ihre Partikel durch die ausdehnende Kraft der Wärme getrennt werden; die Entfernungen derselben sind dann viel zu grofs, als dafs die Kräfte der Affinität und der Cohäsion noch eine wahrnehmbare Wirkung auf sie äufsern könnten; sie hängen demnach nur von der Temperatur und dem Drucke ab, unter dem das Gas steht, und bei gleicher Temperatur stehen die Partikel aller einfachen wie zusammengesetzten Gase gleich weit von einander ab. Unter dieser Voraussetzung ist die Anzahl der Partikel dem Volum des Gases proportional."

Diese Partikel, welche die Wärme in Bewegung setzt, dachte sich Ampère aus einer gröfseren oder kleineren Anzahl Moleküle, wir würden sagen Atome, bestehend. Er ist also wohl darauf bedacht, die Partikel von den Atomen, aus denen sie bestehen, zu unterscheiden.

Eine solche Sonderung hat später nicht immer stattgefunden; denn das Wort Atom ist oft in dem Sinne genommen worden, den Ampère mit dem Worte Partikel verknüpfte. Der Chemiker,

---

[1]) Brief Ampère's an den Grafen Berthollet über die Bestimmung der Verbindungsverhältnisse der Körper nach der Zahl und relativen Anordnung der Moleküle, aus denen ihre integrirenden Theilchen bestehen (Annales de chimie, 1re série, t. XC, p. 43; 30. April 1814).

welcher zur Aufnahme der atomistischen Theorie das Meiste beigetragen hat, Berzelius, nahm mehrere Arten von Atomen, einfache Atome und zusammengesetzte Atome an. Der letztere Ausdruck, den man als fehlerhaft bezeichnen mufs, meinte Ampère's Partikel. Man sagte also vor dreifsig Jahren: „Gleiche Volume gasförmiger Körper enthalten bei gleicher Temperatur und gleichem Druck eine gleiche Anzahl Atome." In dem Sinne, den wir heute mit dem Worte Atom verbinden, ist dieser Satz nur für eine gewisse Zahl einfacher Gase richtig, für Sauerstoff, Wasserstoff, Chlor, Stickstoff u. a. Er trifft nicht zu, wenn man ihn auf alle einfachen und auf die zusammengesetzten Körper im gas- oder dampfförmigen Zustande bezieht. Wir wissen heute, dank den Untersuchungen von Dumas, dafs Phosphor-, Arsenik-, Quecksilberdampf im selben Volum nicht dieselbe Anzahl Atome enthält wie Wasserstoff-, Sauerstoff-, Stickstoffgas u. a. Das Gleiche ist in Bezug auf die zusammengesetzten Körper zu bemerken. Es enthält z. B. das Ammoniak 1 Atom Stickstoff und 3 Atome Wasserstoff, d. h. 4 Atome, während Chlorwasserstoffgas in demselben Volumen nur 1 Atom Wasserstoff und 1 Atom Chlor, zusammen 2 Atome enthält. Und doch sind die zusammengesetzten Gase denselben Gesetzen der Ausdehnung unterworfen wie die einfachen. Ampère und Avogadro nahmen Rücksicht auf beide. Sie nahmen an, dafs alle gasförmigen Körper in demselben Volum dieselbe Anzahl Partikel enthalten, die sich in gleichen Abständen von einander befinden und in gleicher Weise der Wirkung der Wärme unterliegen. Diese Ansicht ist richtig. Sie ist aus den Untersuchungen Gay-Lussac's hergeleitet; sie steht mit der Hypothese Dalton's in Einklang; sie erklärt das physikalische Verhalten der Gase, und doch hat sie nie die einmüthige Zustimmung der Chemiker erlangt. In ihrer Anwendung auf die Atome und in der Fassung, die wir oben wiedergegeben haben, war sie eine anschauliche, aber nicht ganz zutreffende Regel, und erst in unsern Tagen hat sie einen richtigen Ausdruck und eine consequente Durchführung erhalten. Die lichtvolle Auffassungsweise Avogadro's und Ampère's ist also vierzig Jahre lang für die atomistische Theorie fast unfruchtbar geblieben. Nichtsdestoweniger ist diese letztere in Aufnahme gekommen; aber die Anregung dazu kam von anderer Seite.

BERZELIUS.

Berzelius, Lavoisier's grosser Nachfolger, hat das System der dualistischen Chemie vollendet. Er hat der atomistischen Theorie durch ebenso scharfe als zahlreiche Atomgewichtsbestimmungen eine feste Grundlage und durch die Einführung von Formeln, die der dualistischen Ansicht entsprechen, eine neue Ausdrucksweise gegeben. Diese dualistische Auffassung hat er durch die elektro-chemische Hypothese zu erklären gesucht. Das ist in kurzen Worten der grosse Antheil an dem Fortschritt der Ideen, den wir ihm zuzuweisen haben.

I.

Jakob Berzelius wurde 1779 in Väfoersunda, im westlichen Gothland geboren. Er starb 1848 in Stockholm. Im Verlauf einer langjährigen, ganz der Wissenschaft gewidmeten Wirksamkeit erlangte er die unbestrittenste Autorität; alle Ehren, die einem Gelehrten zufallen können, wurden ihm zu Theil. Akademische Titel und Adelstitel, eine hohe Stellung im Unterricht und im Staat, Vermögen und Ansehen in der Welt, das Alles ist ihm in reichem Mafse geworden, ohne dafs darum seine Liebe zur Wissenschaft und sein Eifer sich verringert hätten. Er harrte bei der Arbeit bis zum letzten Tag aus. Trotz der grossen Zahl und Bedeutung seiner Entdeckungen hatte er seine Erfolge mehr der Ausdauer als dem Genie zu danken. Mit Bewunderung erfüllt bei seinen Arbeiten mehr die Genauigkeit der Beobachtungen und die logische Strenge seiner Deductionen als der Glanz und die Tiefe der Ideen. Er brachte die Methoden der Analyse zu einem bis dahin nicht gekannten Grad von Vollkommenheit und formte somit selbst das Werkzeug seiner gröfsten Entdeckungen.

Er hat die Oxyde des Ceriums,[1]) das Selen (1818), die Thorerde (1828) kennen gelehrt, und das Silicium, das Zirkonium, das Tantal rein dargestellt. Derartige Entdeckungen nehmen wegen ihrer Wichtigkeit lebhaftes Interesse in Anspruch, aber in Bezug auf den Fortschritt der theoretischen Ansichten ist ihre Bedeutung geringer gewesen, als die Untersuchungen zur Bestimmung der Atomgewichte, die Berzelius dreifsig Jahre hindurch fortgeführt hat.

Dalton hatte im Jahre 1808, in seinem *New system of chemical philosophy*, eine Tafel der Atomgewichte mitgetheilt und darin das Atomgewicht des Wasserstoffs als Einheit angenommen. Die Zahlen, die er für die Atomgewichte von 17 anderen einfachen Stoffen angiebt, kommen bei einigen der Wahrheit ziemlich nahe, weichen aber bei den meisten von den richtigen Zahlen beträchtlich ab. Weniger bedeutend sind die Abweichungen in der Tafel, die Wollaston im Jahre 1814 lieferte,[2]) in welcher die Atomgewichte oder vielmehr die Aequivalente (der Ausdruck rührt von Wollaston her) auf das Aequivalent des Sauerstoffs bezogen sind, das er gleich 10 setzte. Die Tafeln, die Berzelius veröffentlicht hat, sind sowol vollständiger als auch genauer. Er bezog die Atomgewichte auf das des Sauerstoffs, das er gleich 100 setzte. Die Gewichtsmenge eines Metalls, die mit 100 Sauerstoff die erste Oxydationsstufe bildet, wurde im Allgemeinen als das Atomgewicht des Metalls angenommen. In einigen Fällen wich er von dieser Regel ab, so bei einigen nicht metallischen Körpern und auch bei mehreren Metallen.

Wollaston hatte, von den Ideen Dalton's ausgehend, als Atomgewicht des Wasserstoffs die Gewichtsmenge Wasserstoff angenommen, die sich mit 10 Sauerstoff, das heifst mit 1 Atom Sauerstoff verbinden kann. Mit andern Worten, die Atom-

---

[1]) In Gemeinschaft mit Hisinger 1803.
[2]) Annales de Chimie, XC, p. 138.

gewichte des Wasserstoffs und des Sauerstoffs entsprechen den Gewichtsverhältnissen, in denen diese beiden Stoffe Wasser bilden, da das Wasser durch die Vereinigung von 1 Atom oder Aequivalent Wasserstoff mit 1 Atom oder Aequivalent Sauerstoff entsteht. Wie man sieht, waren hier die Ausdrücke Atom und Aequivalent gleichbedeutend. Berzelius dagegen nahm, von den Entdeckungen Gay-Lussac's ausgehend, an, dafs das Wasser, das sich durch Vereinigung von 2 Volumen Wasserstoff mit 1 Volum Sauerstoff bildet, aus 2 Atomen Wasserstoff und 1 Atom Sauerstoff besteht. Er nahm demnach als Atomgewicht des Wasserstoffs das Gewicht von 1 Volum des Gases an und bezeichnete das Gewicht von 1 Volum Sauerstoff mit 100.

So wurde der Unterschied zwischen Atom und Aequivalent in die Wissenschaft eingeführt. Sein Ursprung liegt in den Entdeckungen Gay-Lussac's, wie sie von Avogadro und Ampère gedeutet waren. Er tritt zum erstenmal in den Atomgewichtstafeln von Berzelius hervor. Bei Dalton entsprachen die Atome den Verhältnissen, nach denen die Körper sich verbinden und die Atomgewichte fallen mit den Aequivalenten zusammen. Bei Berzelius stellen die Atome die Volume im Gaszustand dar, und die Atomgewichte sind nichts anderes als die relativen Gewichte von gleichen Volumen der Gase. Bei einer gewissen Anzahl gasförmiger Körper besteht ein Aequivalent aus 2 Atomen: so nicht nur beim Wasserstoff, sondern auch beim Stickstoff, Chlor, Brom, Jod, wenn man die letzteren im dampfförmigen Zustand betrachtet. Die Atomgewichte dieser Stoffe entsprechen den Gewichten von einem Volum; da aber 2 Volume Stickstoff, Chlor u. s. w. erforderlich sind, um mit 1 Volum Sauerstoff die erste Oxydationsstufe zu bilden, so ist klar, dafs die Gewichte von 2 Volumen Stickstoff, Chlor u. s. w. die Aequivalente dieser Körper auf Sauerstoff bezogen ausdrücken. Berzelius nahm an, dafs die Atome des Wasserstoffs, Stickstoffs, Chlors, Broms, Jods zu je zweien vereinigt sind. Er nannte diese Paare „Doppelatome" und dachte sie sich untrennbar vereinigt, so dafs sie eben dem Aequivalent dieser Gase, d. h. der kleinsten Menge, die in Verbindungen eintreten kann, entsprechen. So enthielt nach seiner Ansicht das Wasser 1 Atom Sauerstoff, verbunden mit 1 Doppelatom Wasserstoff; die Chlorwasserstoffsäure 1 Doppelatom Wasserstoff, verbunden mit 1 Doppelatom Chlor; das Ammoniak 1 Doppelatom Stickstoff und 3 Doppelatome Wasserstoff. Kurz, keine Verbindung des Wasserstoffs, Chlors und Stickstoffs enthielt weniger als 2 Atome von diesen Elementen, da dies die kleinste Menge derselben ist, die in einer Verbindung vorkommen kann. Diese kleinste Menge entspricht ihrem Aequivalent. So bot die Vorstellung von Doppelatomen das Mittel, die früheren Ansichten mit den Entdeckungen Gay-Lussacs in Einklang zu bringen. Die Atomgewichte der gasförmigen Elemente drückten die relativen Gewichte ihrer Volume aus und bei einigen dieser einfachen Gase bildeten 2 Atome, was Dalton als ein Einzelatom betrachtet und was Wollaston ein Aequivalent genannt hatte.

Wenn die Principien, von denen Berzelius sich bei der Bestimmung seiner Atomgewichte leiten liefs, einen sicheren Fortschritt bezeichneten, so mufs doch andererseits zugestanden werden, dafs der Begriff der Doppelatome ihn zu nicht irrigen Ansichten über die Gröfse der Moleküle geführt hat. Ein Molekül Wasser entsteht freilich durch Vereinigung von 2 Atomen Wasserstoff mit 1 Atom Sauerstoff; aber keineswegs bilden auch 2 Atome Wasserstoff, wenn sie sich mit 2 Atomen Chlor vereinigen, 1 Molekül Chlorwasserstoffsäure, wie es Berzelius annahm. Ein solches Molekül wäre um das Doppelte zu grofs. Wir wissen heute, dafs das Molekül der Chlorwasserstoffsäure nur 1 Atom Chlor und 1 Atom Wasserstoff enthält, dafs im Molekül des Ammoniaks nur 1 Atom Stickstoff auf 3 Atome Wasserstoff enthalten ist. Diese Moleküle nehmen im Gaszustand dasselbe Volum ein wie ein Molekül Wasserdampf. Das ist die Auffassung, die sich aus der consequenten Durchführung der Volumtheorie ergiebt. Berzelius, einer der ersten, der diese neue Bahn betreten, hat sie nicht bis ans Ende verfolgt. Diese Ehre war Gerhardt vorbehalten.

Aber der grosse schwedische Chemiker hat der Theorie noch einen wichtigen Dienst anderer Art geleistet. Wir verdanken ihm eine Zeichensprache, durch die sich die atomistische Constitution der Körper wiedergeben läfst.

Die Alchemisten pflegten, um abzukürzen oder dunkel zu reden, Zeichen statt der Namen zu gebrauchen, deren absonderliche Form bekannt ist. Es waren rein conventionelle Symbole, die nur an Worte erinnerten. Dalton schlug ein rationelleres Verfahren vor. Seine Zeichen drückten Atome aus. Es waren kleine Kreise, die für jeden einfachen Stoff charakteristische Zeichen umfafsten: die des Wasserstoffs enthielten einen Punkt im Centrum, die des Stickstoffs einen Strich, die des Schwefels ein Kreuz und die des Sauerstoffs blieben leer. Die Atome des Kohlenstoffs waren schwarz, wie es sich gebührt; die der Metalle enthielten im Centrum den Buchstaben, mit dem der entsprechende Name anfängt. Um zusammengesetzte Körper zu bezeichnen, stellte Dalton die Atome ihrer Elemente zusammen. Das Wasser, das seiner Ansicht nach aus 1 Atom Sauerstoff und 1 Atom Wasserstoff bestand, wurde durch die nebeneinanderstehenden Symbole dieser beiden Atome bezeichnet. Die Schwefelsäure bildete eine Gruppe von 4 kreisförmigen Atomen, von denen die drei Sauerstoffatome symmetrisch ein Schwefelatom umgaben. Die Essigsäure enthielt 6 Atome, 2 schwarze Kohlenstoffatome, die gewissermafsen die Achse des Moleküls bildeten und jedes 1 Atom Sauerstoff und 1 Atom Wasserstoff neben sich stehen hatten.

Die Beziehungsweise war sinnreich und liefs an Klarheit nichts zu wünschen übrig. Um die atomistische Zusammensetzung eines Körpers zu erkennen, genügte es, die Atome zu zählen, die eins neben dem andern gleichsam zur Schau ausgestellt waren. Unbequem war bei dieser graphischen Darstellung der Moleküle nur der grofse Raum, den sie auf dem Papier einnahmen, sobald die Zusammensetzung der Körper verwickelt wurde. Auch lag eine gewisse Willkür in der symmetrischen Anordnung, wie Dalton sie herzustellen bemüht war. Berzelius wufste diese Nachtheile zu vermeiden. Er kam auf den Gedanken, die Atome durch die Buchstaben zu bezeichnen, mit denen die lateinischen Namen der Elemente anfangen; O bezeichnete ein Atom Sauerstoff, H ein Atom Wasserstoff, K ein Atom Kalium, Sb ein Atom Stibium oder Antimon u. s. w. Die Verbindung von zwei verschiedenen Atomen wurde durch zwei Buchstaben nebeneinander bezeichnet. Enthielt sie mehrere Atome desselben Elements, so trat zum Symbol desselben ein Coefficient, der die Zahl der Atome angab.

So wurde die Schwefelsäure durch die Formel SO^3, das Ammoniak durch die Formel N^2H^6 bezeichnet. Ueberaus einfach im Princip, konnte das System dieser Zeichensprache für alle Hypothesen über die Gruppirung der Atome und für die Deutung der complicirtesten Reactionen benutzt werden.

In den theoretischen Ansichten herrschte damals die dualistische Richtung; Berzelius führte sie in die Formelsprache ein. Der Ausgangspunkt war die Theorie der Salze. Richter hatte erkannt, dafs die Mengen verschiedener Basen, die dasselbe Gewicht Säure neutralisiren, dieselbe Menge Sauerstoff enthalten, und dafs demgemäfs für dieselbe Klasse von Salzen ein constantes Verhältniss zwischen dem Sauerstoffgehalt der Basis und der Menge der Säure besteht. Diesem richtigen Ausspruch fügte Berzelius noch eine Bemerkung hinzu, durch die sie an Bestimmtheit und Vollständigkeit gewann. Er erkannte, dafs für jede Art Salz ein constantes und einfaches Verhältnifs zwischen dem Sauerstoff der Basis und dem Sauerstoff der Säure besteht. In den schwefelsauren Salzen enthält die Säure dreimal so viel Sauerstoff, in den kohlensauren zweimal so viel Sauerstoff, in den salpetersauren fünfmal so viel Sauerstoff als die Basis. Diese Gesetze der Zusammensetzung der Salze wurden dann auf das Klarste durch die Zeichen wiedergegeben. Die verschiedenen Sauerstoffverhältnisse entsprechen einer verschiedenen Anzahl von Atomen. Bezeichnet man demnach die Zusammensetzuug des Salzes durch die Zusammenstellung der Formeln der Säure und des Oxyds, so mufs das Verhältnifs zwischen den Sauerstoffmengen der beiden Bestandtheile offenbar durch die Zahl der Sauerstoffatome in beiden wiedergegeben werden. Auf 3 Atome Sauerstoff in der Säure der schwefelsauren Salze müssen sie 1 Atom Sauerstoff im Oxyd enthalten. Das Gesetz der Zusammensetzung der Salze, wie es Berzelius entdeckt hat, kann demnach aus ihren Formeln ohne Weiteres abgeleitet werden.[1]

Schon durch die Anordnung dieser Formeln, in denen auf der einen Seite die Säure, also das Metalloid auftrat mit seinem Gefolge von Sauerstoffatomen, auf der andern die metallische Basis, in ihr der Sauerstoff, der mit dem Metall verbunden ist, hat Berzelius dem dualistischen System eine Bestimmtheit der Fassung gegeben, wie man sie vor ihm nicht kannte. Er hat ferner das System durch eine wichtige Ausführung ergänzt, indem er zeigte, dafs ebenso wie die Säuren mit den Oxyden, so auch die Chloride und die Sulfide sich unter einander verbinden können. So vereinigt sich das Platinchlorid mit dem Kaliumchlorid. Das so gebildete Doppelchlorid ist eine Art Salz, ein Chlorosalz; in demselben spielt das Platinchlorid die Rolle der Säure, das Kaliumchlorid die Rolle der Basis.

---

[1] In den Formeln der Sauerstoffverbindungen begnügte sich Berzelius, die Sauerstoffatome durch Punkte über den Buchstaben zu bezeichnen. So schrieb er

| Schwefelsaures Bleioxyd | $SO^3 + PbO$ oder $\overset{...}{S}\overset{.}{Pb}$ |
| Salpetersaures Kali | $NO^5 + KO$ oder $\overset{...}{N}\overset{.}{K}$ |

Bei dieser Schreibweise sieht man deutlich, dafs ein schwefelsaures Salz die Elemente eines Sulfids enthält, vermehrt um 4 Atome Sauerstoff, von denen drei an den Schwefel und eins an das Metall gebunden sind.

Die Gewichtsverhältnisse zwischen dem Metall und dem Schwefel sind demnach im Sulfid und im Sulfat dieselben; und das mufs der Fall sein, weil diese Gewichtsverhältnisse den Atomen entsprechen, deren Gewicht unveränderlich ist. Berzelius wies das nach und bewährte somit durch die Erfahrung eine Consequenz der atomistischen Theorie. Seine überaus zahlreichen und in hohem Grade genauen Analysen gaben ihr eine feste Grundlage.

Ebenso giebt es Sulfide, die die Rolle von Säuren spielen können, andere, die sich wie Basen verhalten; aus ihrer Vereinigung gehen Sulfosalze hervor. In Zeichen wurde die Zusammensetzung dieser Salze ohne Sauerstoff durch zwei nebeneinanderstehende Formeln wiedergegeben, von denen die erste den sauren, die zweite den basischen Bestandtheil bezeichnete. So nahm das System an Bedeutung nicht allein durch den bündigen Ausdruck zu, den es in den atomistischen Formeln fand, sondern auch durch wichtige neue Thatsachen, die sich ihm unterordneten.

II.

Ein wissenschaftliches System ist dieses Namens in Wahrheit nur dann werth, wenn es keinerlei Art von wichtigen Thatsachen ausschliefst. Die dualistische Auffassung fand ihre Anwendung vorzugsweise in der Betrachtung der mineralischen Verbindungen. Es war jedoch nicht leicht, sie mit den Vorstellungen über die Constitution der organischen Verbindungen in Einklang zu bringen, zu denen man in jener Zeit gelangt war. Man wuſste, dafs die näheren Bestandtheile im Organismus der Pflanzen und Thiere aus drei oder vier Elementen zusammengesetzt sind, aus Kohlenstoff, Wasserstoff und Sauerstoff, zu denen häufig noch der Stickstoff tritt. Man hatte unter allen diesen so verschiedenen Substanzen Körper kennen gelernt, die die Rolle von Säuren spielen, andere, die neutral erscheinen, endlich auch solche mit basischen Eigenschaften, die sich also mit Säuren zu bestimmten Salzen vereinigen können. In Betreff der organischen Säuren nahm Berzelius die Auffassung an, die schon Lavoisier ausgesprochen hatte. Die Pflanzensäuren enthalten ein Radical in Verbindung mit Sauerstoff, und dieses Radical enthält Kohlenstoff und Wasserstoff so vereinigt, dafs sie nur ein einziges Ganzes, die „Basis" bilden. Die Pflanzensäuren sind untereinander durch die Verhältnisse, in denen die Bestandtheile des Radicals vereinigt sind, und durch den Gehalt an Sauerstoff verschieden. Bei den

Säuren des Thierreichs ist die Zusammensetzung complicirter; in ihrem Radical ist mit dem Wasserstoff und Kohlenstoff oft noch Stickstoff, zuweilen auch noch Phosphor verbunden. So lauteten die Ansichten Lavoisier's.[1]

Die atomistische Theorie und die Fortschritte in der Analyse gestatteten Berzelius, sie zu erweitern und schärfer zu bestimmen. Er stellte zunächst die „Aequivalente" der wichtigsten organischen Säuren fest, d. h. die relative Gröfse ihrer Moleküle, indem er die respectiven Mengen dieser Säuren, die sich mit einem Aequivalent Bleioxyd oder Silberoxyd vereinigen, bestimmte. Durch die organische Analyse, deren Princip Gay-Lussac und Thénard angegeben hatten und deren Methode durch Chevreul kurz zuvor vervollkommnet war, erkannte Berzelius das Verhältnifs der Elemente in den verschiedenen Säuren und also auch die Atomzahl der Elemente in ihren „Aequivalenten" oder Molekülen.

Durch Zusammenstellung der Kohlenstoff- und Wasserstoffatome oder der Kohlenstoff-, Wasserstoff- und Stickstoffatome bildete er die binären oder ternären Radicale für die Säuren oder allgemein die sauerstoffhaltigen Verbindungen organischen Ursprungs. Nach seiner Ansicht besteht das Radical der Ameisensäure, das er Formyl nannte, aus 2 Atomen Kohlenstoff und 3 Atomen Wasserstoff; das der Essigsäure, das er Acetyl nannte, aus 4 Atomen Kohlenstoff und 6 Atomen Wasserstoff. Aber das Formyl wie das Acetyl verbinden sich mit 3 Atomen Sauerstoff, um Ameisensäure und Essigsäure zu bilden. Man findet in dieser Auffassung die Ansichten Lavoisier's in der einfachen und bündigen Form wieder, die der Fortschritt der Wissenschaft ermöglicht hatte. Berzelius hat sie auf alle sauerstoffhaltigen Verbindungen angewandt. „Die organischen Substanzen", sagte er, „bestehen aus Oxyden von zusammengesetzten Radicalen."[2]

---

[1] Traité de chimie, t. I. p. 197.
[2] Lehrbuch der Chemie; dritte deutsche Auflage, B. II, S. 125. Die Annahme organischer Radicale ist von Berzelius zuerst 1817

Unter diesen Oxyden hat vor allem der Aether, das Product der Einwirkung der Schwefelsäure auf den Alkohol, zu wichtigen Arbeiten und lebhaften Discussionen Veranlassung geboten. Er ist seit Jahrhunderten bekannt und hat einer zahlreichen Klasse von Verbindungen, die man als Aetherarten bezeichnete, den Namen gegeben. Die Beziehungen zwischen diesem Stoff und dem Alkohol waren im Jahr 1816 von Gay-Lussac festgestellt und folgendermafsen bezeichnet worden: beide Substanzen enthalten 2 Volume ölbildendes Gas, im Alkohol mit 2 Volumen, im Aether mit 1 Volum Wasserdampf verbunden.

Dumas und Boullay haben dann über die sogenannten zusammengesetzten Aether eine Epoche machende Arbeit veröffentlicht. Sie erkannten, dafs diese Körper die Elemente einer Säure in Verbindung mit genau 2 Volumen ölbildendem Gas und 1 Volum Wasserdampf, d. h. mit den Bestandtheilen des Aethers verbunden enthalten. Sie nahmen für das ölbildende Gas ein in gewissen Grenzen dem des Ammoniaks analoges Verhalten an und verglichen demgemäfs die Aether mit den Ammoniaksalzen. Zum erstenmal wurde hier in der organischen Chemie eine Reihe von analogen Erscheinungen durch die Theorie zusammengestellt und die Thatsachen bezüglich der Bildung, der Zusammensetzung, der Metamorphosen einer ganzen Klasse von Körpern in einfacher Weise mit Hilfe von atomistischen Formeln und Gleichungen gedeutet.

Dieser Theorie der Aether stellte Berzelius einige Jahre später eine andere gegenüber. Er verglich sie mit den eigentlichen Salzen und nahm demgemäfs in ihnen ein organisches Oxyd an, und dies Oxyd war eben der Aether selbst. Der Aether enthielt nach Berzelius ein aus 4 Atomen Kohlenstoff und 10 Atomen Wasserstoff bestehendes Radical. Im Aether ist dieses Radical, das Liebig Aethyl nannte, mit 1 Atom Sauerstoff verbunden. Aber das Aethyl kann sich auch mit dem

---

in der zweiten schwedischen Ausgabe seines Lehrbuchs erörtert worden.

Chlor und andern einfachen Körpern vereinigen. Es bildet so ein Chlorid oder andere binäre Verbindungen. Das Aethylchlorid ist nichts anders als der Salzsäureäther, der seit langer Zeit bekannt war. Der gewöhnliche Aether, das Aethyloxyd, kann sich wie die metallischen Oxyde mit dem Wasser verbinden und so ein Hydrat, den Alkohol, bilden. Ebenso kann es mit den wasserfreien Säuren zur Bildung wirklicher Salze — der zusammengesetzten Aether — zusammentreten. Alle diese Verbindungen sind binär.[1]) Das sind die Hauptzüge der schönen Betrachtungsweise, durch die die glänzendste Epoche in der Theorie der organischen Radicale bezeichnet wird.

Diese Theorie hat zu einem lange fortgesetzten Streit Veranlassung gegeben. Sie nimmt, sagten ihre Gegner, das Bestehen zahlreicher Körper rein hypothetisch an. Denn am Ende sind doch das Aethyl und so viele andere Radicale Verstandesschöpfungen, denen keine wirkliche Existenz entspricht. Man wird sie entdecken, erwiderten die Vertheidiger. Hat nicht Gay-Lussac das Cyan abgeschieden? Hat er nicht nachgewiesen, dafs dieser zusammengesetzte Stoff, der aus Kohlenstoff und Stickstoff besteht, sich wie ein einfacher Körper verhält? Und weifs man nicht auch, dafs die schweflige Säure sich direct mit dem Sauerstoff verbindet, das Kohlenoxyd mit dem Chlor und mit Sauerstoff? Diese Argumente waren nicht leicht abzuweisen.

---

[1]) Um die Rolle des Aethyls als Radical zu verdeutlichen, geben wir hier die Formeln, mit denen Berzelius einige Aethylverbindungen bezeichnete, und stellen die der entsprechenden Verbindungen eines Metalls, wie Kalium, gegenüber. In diesen Formeln bezeichnen die durchstrichenen Buchstaben Doppelatome (S. 38).

Aethylverbindungen.	Kaliumverbindungen.
$C^4 H^5$ Radicaläthyl.	K Radical Kalium.
$C^4 H^5 . \thinspace \mathrm{\bar{C}l}$ Aethylchlorid.	$K \thinspace \mathrm{\bar{C}l}$ Kaliumchlorid.
$C^4 H^5 . O$ Aethyloxyd (Aether).	$K O$ Kaliumoxyd.
$C^4 H^5 . O + HO$ Aethyloxydhydrat (Alkohol).	$K O + H O$ Kaliumoxydhydrat (kaustisches Kali).
$C^4 H^5 . O + C^4 H^3 O^3$ essigsaures Aethyloxyd (Essigäther).	$K O + C^4 H^3 O^3$ essigsaures Kaliumoxyd.

Die Entdeckung des Kakodyls durch Bunsen hat ihnen später noch gröfseres Gewicht verliehen. Kein schlagenderes Beispiel konnte den Gegnern der Radicaltheorie entgegengestellt werden als dieser aus Kohlenstoff, Wasserstoff und Arsenik zusammengesetzte Körper von so aufserordentlicher Verbindungsfähigkeit, dafs er sich direct und in mehreren Stufen mit dem Sauerstoff, dem Schwefel und Chlor vereinigt, an der Luft von selbst verbrennt und sich im Chlor entzündet, wie das Arsenik selbst. Dem Cyan und dem Kakodyl die Bezeichnung Radical streitig zu machen, diesen zusammengesetzten Körpern eine Kraft abzuerkennen, die einfache Körper aneinander anzieht — hiefs das nicht den Augenschein leugnen? Dennoch hat man vom einseitigen Standpunkt einer andern berühmten Theorie, der Substitutionstheorie, den Versuch gemacht, dies zu thun. Von ihr werden wir weiterhin zu reden haben.

Aber die Theorie der Radicale hat ihre Stellung behauptet. Sie ist sogar in der Folge mit verjüngter Kraft in die Schranken getreten, und das Geräusch dieser ersten Kämpfe war kaum verhallt, als sie zu gleicher Zeit mit ihrer Rivalin zu unerwartetem Aufschwung gelangte und sich dann mit ihr verbündete. Aber wir stehen bei ihrem ersten Auftreten und wollen näher verfolgen, wie Berzelius sie benutzt hat, um zu vollenden, was er unternommen hatte: nämlich die Einführung der in der Mineralchemie herrschenden Ansichten in die organische Chemie. Die Vergleichung des Aethers mit den Oxyden der Mineralchemie war ein überaus glücklicher Griff gewesen. In der Zusmmenstellung des Alkohols mit dem Hydrat der zusammengesetzten Aether und Salze war die Möglichkeit gegeben, die Zusammensetzung aller derartigen Körper durch dualistische Formeln auszudrücken.

Man unterschied damals in der Chemie Verbindungen erster Ordnung, die durch Vereinigung zweier einfacher Körper, und Verbindungen zweiter Ordnung, die durch Vereinigung binärer Verbindungen gebildet waren. Das Aethyloxyd und Aethylchlorid, dem Oxyd und Chlorid des Kaliums vergleichbar, erschienen als Verbindungen erster Ordnung. Das Aethyloxydhydrat (Alkohol) und das essigsaure Aethyloxyd (Essigäther) waren binäre Verbindungen zweiter Ordnung; denn die erste war aus Aethyloxyd und Wasser, die zweite durch Vereinigung von Aethyloxyd mit Essigsäure entstanden. Diese Verbindungen enthielten zwei Bestandtheile, und ihre Formeln zwei Glieder. Zwischen diesen Formeln und denen der entsprechenden Kaliumverbindungen war kein anderer Unterschied, als dafs an der Stelle des einfachen Radicals Kalium in den letzteren das zusammengesetzte Radical Aethyl in den ersteren auftritt. Analogien derselben Art wurden für andere Körper nachgewiesen: die Essigsäure, die aus 1 Atom Acetyl und 3 Atomen Sauerstoff bestand, wurde mit der Schwefelsäure aus 1 Atom Schwefel und 3 Atomen Sauerstoff verglichen. Es war dies ein erster Versuch, einen Bund zwischen der organischen und der Mineralchemie herzustellen, die man so innig als möglich zu verknüpfen wünschen mufste.

Der Bau, den Lavoisier auf breiter Grundlage aufgeführt hatte, konnte diese schöne Krönung tragen. Hatte doch der Gründer selbst diese Erweiterung seines Werkes vorgesehen. Seine Ansicht von den organischen Radicalen findet sich, in schärferer Bestimmung ausgeführt, in der lichtvollen Auffassung von Berzelius wieder.

Aber zu der Zeit, von welcher wir reden, waren keineswegs alle Chemiker über die Natur der organischen Radicale derselben Ansicht. Die Einen schlossen nach dem Vorgang von Berzelius den Sauerstoff von den Radicalen aus; Andere nahmen an, er könne zu ihnen gehören. Die letztere Ansicht fand ihren Stützpunkt in einer schönen Arbeit, die im Jahr 1828 zwei junge Chemiker veröffentlichten, Beide damals Neulinge in der Wissenschaft, in der sie tiefe Spuren ihrer Forscherthätigkeit bald vereint, bald gesondert hinterlassen sollten. Beim Studium des Bittermandelöls entdeckten Wöhler und Liebig eine Reihe von Verbindungen, die theils mit diesem Oel, theils mit einer Säure des Benzoëharzes, die man Benzoësäure nannte, in den augenscheinlichsten Verwandtschaftsbeziehungen standen.

Diese Beziehungen wurden auf sehr glückliche Art durch Annahme eines gemeinsamen, aus Kohlenstoff, Wasserstoff und Sauerstoff bestehenden Radicals in allen diesen Verbindungen angedeutet. Das Bittermandelöl wurde als Verbindung dieses Radicals mit Wasserstoff bezeichnet. Wird dieses Element durch Chlor vertreten, so wird aus dem Benzoylwasserstoff Benzoylchlorid. Bei Berührung mit Wasser setzt sich das Chlorid in Chlorwasserstoffsäure und Benzoyloxyd um, das mit den Elementen des Wassers verbunden bleibt und Benzoyloxydhydrat bildet. Dies Hydrat ist nichts anders als die Benzoësäure selbst. Ueberdies entsteht dieser Körper auch durch directe Verbindung des Sauerstoffs mit dem Benzoylwasserstoff, d. h. mit dem Bittermandelöl. Alle diese Reactionen und andere, die hier aufzuzählen zu weit führen würde, rechtfertigten den Schluſs, daſs das Bittermandelöl und seine zahlreichen Derivate gewissermaſsen einen gemeinsamen Kern enthalten, der in ihnen in Verbindung mit Wasserstoff, mit Chlor, Brom, Schwefel, Sauerstoff auftritt und durch doppelte Zersetzung aus einer Verbindung in die andere unverändert übergeht. Diese doppelte Eigenschaft gestattete, den Benzoylkern als ein Radical zu betrachten, obgleich man nicht im Stande gewesen war, ihn zu isoliren.[1]

Die Theorie des Benzoyls trat mit entschiedenem Erfolg in der Wissenschaft auf. Sie trug den Stempel einer guten Hypothese. Sie verknüpfte die Thatsachen in einfacher Weise und schloſs die Keime groſser Fortschritte ein. Berzelius, der sie anfangs günstig aufgenommen hatte, wies sie später ab

---

[1] Die Hypothese eines Radicals Benzoyl wird durch folgende Formeln in der Schreibweise von Berzelius noch verdeutlicht werden:

$C^{14}H^5O^2$ Benzoyl.
$C^{14}H^5O^2 . H$ Benzoylwasserstoff (Bittermandelöl).
$C^{14}H^5O^2 . Cl$ Benzoylchlorid.
$C^{14}H^5O^2 . O$ Benzoyloxyd (Benzoësäureanhydrid).
$C^{14}H^5O^2 . S$ Benzoylsulfid.
$C^{14}H^5O^2 . O + HO$ Benzoyloxydhydrat (Benzoësäurehydrat).
$C^{14}H^5O^2 . O + KO$ Benzoësaures Kali.

und kam auf seine erste Ansicht von den sauerstofffreien Radicalen zurück, die nun bis zum Uebermafs durchgeführt wurde. Zwanzig Jahre später wurde der Theorie des Benzoyls für diese Vernachlässigung Genugthuung zu Theil. Man findet ihre Spuren deutlich in den theoretischen Betrachtungen Williamson's und Gerhardt's wieder.

III.

Die vorhergehenden Erörterungen zeigen, wie die dualistische Anschauung durch die Theorie der Radicale in die organische Chemie eingedrungen ist; durch die elektro-chemische Theorie aber gelangte sie — dank den Bemühungen und der Autorität von Berzelius — auch in der Mineralchemie zu unbeschränkter Herrschaft.

Berzelius ist nicht der erste Urheber dieser Theorie, obwol seine Untersuchungen ihre experimentelle Grundlage bilden. Die Arbeiten von Nicholson und Carlisle über die Zerlegung des Wassers durch die Volta'sche Säule, die Beobachtungen Cruikshank's über die Veränderungen, die die Pflanzenfarben durch den Strom erleiden, boten nur isolirte Thatsachen dar, als Berzelius und Hisinger im Jahr 1803 den zersetzenden Einflufs der galvanischen Elektricität auf eine grofse Zahl chemischer Verbindungen, namentlich auf die Salze, kennen lehrten. Es ist bekannt, mit welchem Erfolge Davy seit dem Jahre 1806 ähnliche Untersuchungen unternahm. Die Entdeckung der Alkalimetalle ist das glänzende experimentelle Resultat, eine neue Ansicht über die Affinität das theoretische Ergebnifs, zu dem sie führten.

Davy nahm an, dafs die Körper, zwischen denen chemische Verwandtschaft besteht, sich in entgegengesetzten elektrischen Zuständen befinden. Der eine sei elektro-positiv, der andere elektro-negativ. Vermöge dieser entgegengesetzten elektrischen Spannungen verbänden sie sich, und die Energie, mit welcher diese Verbindung vor sich geht und die das Mafs für die Affinität der Bestandtheile abgiebt, sei diesen Spannkräften proportional.

Dieselbe Kraft, die die elektrischen Anziehungen und Abstofsungen hervorruft, beherrsche also auch die chemischen Wirkungen, mit dem Unterschiede, dafs sie im ersteren Fall die Körper in ihrer ganzen Masse, im zweiten dagegen ihre kleinsten Theile beeinflufst. Volta hatte gezeigt, dafs zwei Metalle, die sich berühren, Elektricität entwickeln und dabei eine entgegengesetzte elektrische Spannung annehmen. Davy machte darauf aufmerksam, dafs dieser elektrische Zustand bei der Berührung aller Körper wahrgenommen wird, die chemische Verwandtschaft zu einander haben, und dafs die Spannung um so stärker ist, je energischer ihre Verwandtschaften sind. Die Verbindung, d. h. die innige Annäherung der Theilchen, ist demnach das Ergebnifs elektrischer Anziehung. Die Theilchen, die bei ihrer Berührung entgegengesetzte Spannungen angenommen haben, lagern sich nebeneinander, und ihre Vereinigung bewirkt die Neutralisation der entgegengesetzten Elektricitäten.

Nach Davy sind die Wärme und das Licht, welche bei der Verbindung vieler Körper entstehen, Aeufserungen der Elektricität, in ähnlicher Weise wie der elektrische Funke: sie sind, so zu sagen, die Zeugen jenes Austausches der Elektricitäten, der beim Vorgang der chemischen Verbindung stattfindet. Die Zerlegung der Körper endlich, wie sie durch die Säule stattfindet, giebt den Elementen die entgegengesetzten elektrischen Zustände wieder, die ihnen vor ihrer Vereinigung eigenthümlich waren, und scheidet sie an den Polen ab, deren Spannung die umgekehrte der ihrigen ist.

Das ist in kurzen Worten die erste elektro-chemische Theorie. Berzelius nahm ihre Grundidee an und gab ihr eine neue Form.

Im Anschlufs an einen Gedanken, den schon Schweigger ausgesprochen hatte, nahm er an, dafs die Atome aller Körper zwei Pole haben, an denen sich Elektricität anhäuft und zwar in nicht immer gleich grofsen Mengen. Je nachdem die eine oder die andere Elektricität an dem einen Pol überwiegt, ist das Atom elektro-negativ oder elektro-positiv, und die Quantitäten der Elektricität, die in dieser Weise an dem einen Pol vorherrschen, sind keineswegs für die Atome der verschiedenen Körper dieselben. Mit andern Worten, die Atome aller Körper sind in verschiedener Weise elektrisch polarisirt, und ihre Polarität kann mit der Temperatur eine andere werden.

Verbindet sich ein Körper mit dem andern, so lagern sich die Atome mit ihren widersprechenden Polen aneinander und tauschen so die angehäuften entgegengesetzten Elektricitäten aus. Dieser Austausch erzeugt eine mehr oder minder vollständige Neutralisirung und ruft Wärme- und Lichterscheinungen hervor.

Berzelius hat demgemäfs die einfachen Körper in elektronegative und elektro-positive eingetheilt. In den erstern überwiegt die negative, in den andern die positive Elektricität. Nach der Stärke der überwiegenden Spannung werden sie in beiden Reihen geordnet. Aber die elektrische Reihenfolge bezeichnet nicht die Rangordnung ihrer Affinitäten. So besitzt der Sauerstoff, der elektro-negativste aller Körper, mehr Verwandtschaft zum Schwefel, der in der elektrischen Reihe neben ihm steht, als zum Golde, das elektro-positiv ist. Berzelius erklärte diese Thatsache durch die Annahme, die Affinität sei von der Intensität der Polarisation, d. h. von der absoluten Menge der an beiden Polen angehäuften Elektricität abhängig. Beim Schwefel sei diese Menge weit beträchtlicher als beim Golde. Der positive Pol des Schwefelatoms enthalte eine weit gröfsere Menge positiver Elektricität als der positive Pol des Gold-Atoms, und da die Atome sich mit den entgegengesetzten Polen anziehn, so müsse offenbar der Schwefel auf den Sauerstoff eine stärkere Anziehung ausüben als das Gold.

Man ersieht ferner, dafs der Schwefel den Sauerstoff nicht neutralisiren kann, weil einerseits die positive Elektricität des Schwefelatoms nicht ausreicht, um die negative Elektricität des Sauerstoffatoms zu binden, während andrerseits das Schwefelatom in die Verbindung einen beträchtlichen Ueberschufs an negativer Elektricität mitbringt, die an dem einen seiner Pole angehäuft ist. Es geht daraus hervor, dafs das

Product der Verbindung selbst elektro-negativ sein mufs. Es entsteht eine starke Säure, die Schwefelsäure. So entstehen die Säuren im allgemeinen aus der Vereinigung eines elektronegativen Körpers mit dem Sauerstoff, die Basen aus der Vereinigung desselben mit einem stark elektro-positiven Körper. An der Spitze der elektro-positiven Reihe stehen die Alkali-Metalle. Ihre Verbindungen mit dem Sauerstoff sind die stärksten Basen, und die kräftige Verwandtschaft dieser Basen zu den Säuren rührt gerade von dem Gegensatz ihrer elektrischen Zustände, von der Intensität ihrer Polarisation her.

Es ist kaum nöthig, besonders darauf hinzuweisen, auf wie festen Grund die dualistische Anschauung durch eine solche Theorie gestellt wurde. Jeder zusammengesetzte Körper besteht aus zwei Elementen, einem elektro-positiven und einem elektro-negativen. Wie glänzend bestätigten sich damit die Ideen Lavoisier's, insbesondere seine Theorie der Salze! Man sieht, sagte der Meister, dafs in den Salzen die Elemente der Säure neben denen der Basis gesondert und nicht mit ihnen gemengt sind. Denn wenn wir der zersetzenden Wirkung des Stroms ein Salz wie das schwefelsaure Natron unterwerfen, so begiebt sich die Schwefelsäure oder der elektro-negative Bestandtheil an den positiven Pol und das Natron oder der elektro-positive Bestandtheil an den negativen Pol. Wenn das schwefelsaure Kupferoxyd durch den Strom zerlegt wird, so scheidet sich am negativen Pol nicht das Kupferoxyd ab, sondern das metallische Kupfer, weil das Oxyd in diesem Fall weiter in seine Elemente, Sauerstoff und Kupfer, zerlegt und der Sauerstoff mit der Säure am positiven Pol frei wird. So schienen die dualistischen Formeln der Salze nicht nur durch die Synthese dieser Verbindungen, ihre gewöhnliche Bildungsweise, sondern auch durch ihre Zerlegung vermittelst des elektrischen Stroms unterstützt zu werden. Wir wissen jetzt, dafs dieses Argument falsch ist, dafs es sich vielmehr gegen die dualistische Hypothese über die Constitution der Salze verwenden läfst. Wir wissen, dafs bei der Elektrolyse des schwefelsauren Natrons wie bei der des schwefelsauren Kupferoxyds nicht das Oxyd, sondern das Metall, das Natrium, am negativen Pol abgeschieden wird, und dafs das freie Alkali erst infolge einer secundären Wirkung auftritt, der Zerlegung des Wassers durch das Natrium an der negativen Elektrode. Wir wissen, dafs die Thatsachen betreffs der gleichartigen Wirkung des Stroms auf die Salzlösungen der dualistischen Hypothese, die in den Salzen das Bestehen eines fertig gebildeten Oxyds annimmt, widersprechen.

Aber im Jahre 1830 wufste man das nicht, und alle Chemiker nahmen Berzelius' elektro-chemische Hypothese an. Der Versuch über die elektrolytische Zerlegung des schwefelsauren Natrons war klassisch geworden. Er wurde in allen öffentlichen Vorlesungen ausgeführt und zugunsten der damals allgemein verbreiteten Ansichten über die Constitution der Salze angerufen.

Das dualistische System war zu jener Zeit auf seinem Höhepunkt angelangt. Und in der That ist die Hypothese Lavoisier's über die Constitution der Salze, die ihm zu Grunde lag, so einfach, sie giebt so gut die meisten Thatsachen wieder, die über die Bildungsweise und die Zersetzung der Salze bekannt sind, dafs alle Geister ihrer Macht sich beugten. Sie herrschte in den Büchern, sie übte unbeschränkte Herrschaft über den Unterricht aus, sie regte zu den gröfsten Entdeckungen an. Sie hatte eine Geschichte und hatte, was mehr ist, Traditionen. „Die Gewohnheit einer Meinung ruft oft die Ueberzeugung hervor, sie müsse richtig sein." So hatte Berzelius sich geäufsert, und diese Worte lassen sich auf seine eigenen Meinungen anwenden. Die letzteren haben so lange geherrscht, dafs man sich, ohne es zu merken, gewöhnt hatte, als erwiesene Wahrheit anzusehen, was nur Hypothese war. Als Beweis kann die allgemeine Ungläubigkeit dienen, mit der die Hypothese Davy's über die Constitution der Salze aufgenommen wurde. Dulong machte sich diese Hypothese zueigen, und wir werden weiterhin auf sie zurückkommen. Schlimmer noch erging es den Ansichten Longchamp's; nicht mit Unglauben, mit Geringschätzung nahm man sie auf. Und doch sind Davy und Dulong die Vorläufer Laurent's und Gerhardt's gewesen, und wenn man mit Aufmerksamkeit die Formeln prüft, durch die heute die atomistische Constitution der Salze ausgedrückt wird, so kann man in ihnen die Spur von Longchamp's Ansichten wiederfinden.[1])

---

[1]) Berzelius und alle Anhänger der Lavoisier'schen Salztheorie nahmen an, dafs die wasserhaltigen Säuren die Elemente der wasserfreien Säuren, vermehrt um die Elemente des Wassers, und dafs die Salze die Elemente von wasserfreien Säuren, vermehrt um die Elemente von Oxyden, enthalten. So wurden nach der Schreibweise von Berzelius die Schwefelsäure und die Kali- und Bleisulfate durch folgende Formeln bezeichnet:

Schwefelsäure oder Wassersulfat . $SO^3 + H^2O$
Kalisulfat . . . . $SO^3 + KO$
Bleisulfat . . . . $SO^3 + PbO$.

Diese Schreibweise zeigt, dafs die Elemente des Wassers, des Kaliumoxyds und des Bleioxyds einfach zu den Elementen der wasserfreien Säure hinzutreten, ohne in sie aufzugehen.

Longchamp nahm dagegen an, dafs das Oxyd der wasserfreien Säure ein Atom Sauerstoff entzieht, um sich in ein Superoxyd zu verwandeln, das mit der desoxydirten Säure verbunden bleibt.

Er drückte also die Zusammensetzung obiger Verbindungen durch folgende Formeln aus

Schwefelsäure . . . . $SO^2 + H^2O^2$
Kalisulfat . . . . $SO^2 + K^2O^2$
Bleisulfat . . . . $SO^2 + PbO^2$

Die Formel $SO^2 + PbO^2$ beruhte auf der Thatsache, dafs schwefelsaures Bleioxyd entsteht, wenn schwefligsaures Gas auf Bleisuperoxyd wirkt.

Wir wissen jetzt, dafs die 2 Atome Wasserstoff der Schwefelsäure
$$SO^4H^2 = SO^2 . O^2H^2$$
zu je einem Atom Sauerstoff in Beziehung stehn, und dafs diese beiden Sauerstoffatome eine andere Rolle spielen als die beiden andern, die dem Sulfuryl SO^2 angehören. Dieses Radical ist zweiatomig: es verbindet sich mit 2 Atomen Chlor, und das Sulfurylchlorid bildet bei Einwirkung von Wasser Schwefelsäure

IV.

Um die Zeit, da die Autorität, welche Berzelius so lange ausgeübt hat, im ersten Aufblühen war, da die Mineralchemie vollendet erschien und alle Bemühungen darauf gerichtet waren, die organische Chemie nach dem Vorbild der älteren Schwester zu gestalten, beschäftigte sich ein junger Gelehrter in Genf mit Untersuchungen über verschiedene Gegenstände der Physiologie, dem Vorspiele von Entdeckungen, die die Chemie in neue Bahnen führen sollten. Dumas ist in Alais im Jahr 1800 geboren; kaum zwanzigjährig, veröffentlichte er mit Benedict Prevost jene noch heute klassischen Untersuchungen über das Blut. Im Jahre 1821 kam er nach Paris, wo er sich ganz der Chemie widmete und bald Arbeiten von der höchsten Bedeutung in Angriff nahm. Die selbständige Entwicklung der organischen Chemie und die Reform der Mineralchemie mit Hilfe der dort gewonnenen Fortschritte ist die Losung der neuen Aera, die mit Dumas beginnt. Er hat zuerst die Aufgabe gestellt, aber er hat ihre Lösung nicht vollendet. Tüchtige Genossen haben mit ihm und nach ihm die Hand ans Werk gelegt, und unter ihnen glänzen in

$$SO^2 \begin{cases} Cl \\ Cl \end{cases} \qquad SO^2 \begin{cases} OH \\ OH \end{cases}$$

Sulfurylchlorid   Schwefelsäure.

Die Schwefelsäure erscheint dieser Auffassung gemäfs als eine Verbindung von Sulfuryl mit 2 Gruppen OH oder Hydroxyl. Longchamp betrachtete sie als Schwefligsäure-Gas (Sulfuryl) in Verbindung mit oxydirtem Wasser O^2H^2.

Gewifs sind diese beiden Betrachtungsweisen verschieden, aber man wird zugestehen, dafs sie einen Berührungspunkt haben. Es genügt, um sich davon zu überzeugen, einen Blick auf die atomistischen Formeln der Sulfate zu werfen, die mit denen Longchamp's beinahe identisch sind:

Schwefelsäure . . . . $SO^2 . O^2 H^2$
Kalisulfat . . . . $SO^2 . O^2 K^2$
Bleisulfat . . . . $SO^2 . O^2 Pb''$

erster Reihe Laurent und Gerhardt, die nur zu bald wieder vom Schauplatz abgetreten sind, deren Namen aber in der Geschichte der Wissenschaft unauslöschlich prangen. Aus den vereinten Bemühungen dieser drei Gelehrten ist die neue französische Schule hervorgegangen. Berzelius war ihr Gegner vom ersten Tage an, Dumas lange Zeit hindurch ihr Führer und Vertreter. Noch ist jener denkwürdige Streit unvergessen, in welchem er den grofsen Vertheidiger des Dualismus und der elektro-chemischen Theorie in seinen innersten Anschauungen anzugreifen wagte. Dumas war es, der dem ersten Angriff Stand hielt und die Last des scheinbar hoffnungslosen Kampfes siegreich aufnahm. Mit Recht wird man daher den seinen Berzelius' grofsem Namen an die Seite stellen.

Unter den vielen Arbeiten, die er veröffentlicht hat, können wir nur diejenigen hervorheben, die einen entscheidenden Einflufs auf die theoretische Entwicklung der Wissenschaft ausgeübt haben. Wir erwähnen von den frühesten seine Untersuchungen über die Dampfdichten, die der Physik eine neue Methode und der Chemie ein reiches Material zur Erörterung der Hypothese Avogadro's nnd Ampère's geliefert haben.

Die wichtigsten Entdeckungen Dumas' rühren aus dem Jahre 1834 her. Er studirte in dieser Zeit die Wirkung des Chlors auf verschiedene organische Substanzen. Der Gegenstand war beinahe neu; man kann darüber bis dahin nur eine Beobachtung Gay-Lussac's, welcher bei einer Untersuchung über die Einwirkung des Chlors auf das Wachs beobachtet hatte, dafs dieses Wasserstoff verliert und für jedes austretende Volum Wasserstoff ein Volum Chlor aufnimmt. Dumas machte eine analoge Beobachtung in Bezug auf die Einwirkung des Chlors auf das Terpentinöl, auf das Oel der Holländischen Chemiker (1831) und später auf den Alkohol. In einer Abhandlung, die er am 13. Januar 1834 in der Akademie der Wissenschaften las, sprach sich Dumas folgendermafsen aus:

„Das Chlor hat die merkwürdige Fähigkeit, den Wasserstoff gewisser Körper an sich zu ziehen und ihn Atom für Atom zu ersetzen."

Es ist kaum möglich, einem neuen Gedanken einen bestimmteren Ausdruck zu geben. Aber in der Abhandlung, von der wir reden, sah sich der Verfasser veranlafst, eine Einschränkung hinzuzufügen; denn er hatte das seltene Glück und das Verdienst, die Gesetze der Substitution bei der Erforschung eines Falls zu entdecken, in welchem ausnahmsweise diese Gesetze nicht in voller Klarheit zur Wirkung kommen. In der That ist das Chloral, das letzte Product der Einwirkung des Chlors auf den Alkohol, kein Substitutionsproduct dieses Körpers. Dennoch ist Dumas durch Zusammenstellung seiner sämmtlichen Beobachtungen und unter Berücksichtigung der letzterwähnten zur Aufstellung folgender Regeln gelangt.

1. Wenn ein wasserstoffhaltiger Körper der wasserstoffentziehenden Wirkung des Chlors, Broms, Jods, Sauerstoffs u. s. w. ausgesetzt wird, so nimmt er für jedes austretende Wasserstoffatom ein Atom Chlor, Brom oder Jod oder ein Halbatom Sauerstoff auf.

2. Wenn der wasserstoffhaltige Körper Sauerstoff enthält, so findet dieselbe Regel sich unverändert wieder.

3. Wenn der wasserstoffhaltige Körper Wasser enthält, so verliert dieses seinen Wasserstoff, ohne dafs irgend welche Vertretung stattfände; wird ihm dann noch weiter Wasserstoff entzogen, so wird diese weitere Menge wie in den ersten beiden Fällen vertreten.

Diese Regeln sind rein empirisch — Dumas selbst macht darauf aufmerksam und legt Gewicht darauf. Zur Zeit, wo er sie aufstellte, wollte er nichts weiter als die Thatsache der Vertretung des Wasserstoffs durch das Chlor constatiren, ohne darauf einzugehen, welche Stelle das letztere Element in den neugebildeten Verbindungen einnimmt und welche Rolle es in ihnen spielt. Laurent hat zuerst die Hypothese aufzustellen gewagt, dafs das Chlor in ihnen die Stelle des Wasserstoffs einnimmt und dieselbe Rolle spielt wie dieser. Er gründete seine Meinung auf die Vergleichung der Eigenschaften des chlorhaltigen mit denen des ursprünglichen wasserstoffhaltigen Körpers. Es lag darin eine wichtige Erweiterung der Auffassung Dumas', der sie anfangs als zuweitgehend ansah, später jedoch sich der Ansicht Laurent's anschlofs. Heute, nachdem mehr als dreifsig Jahre seit diesen ersten Discussionen verflossen sind, können wir als unbetheiligte und unpartheiische Beurtheiler sagen, dafs die erste Idee der Substitutionen ganz und gar Dumas gehört. Und wer könnte in einem solchen Falle die Macht der Grundidee, des schöpferischen Gedankens, des ersten flüchtigen Entwurfs verkennen? Ohne Zweifel sind in der herrlichen Ausführung, die wir jetzt besitzen, Einzelheiten des Entwurfs verloren gegangen. Aber darauf kommt es nicht an; seine Grundzüge sind unauslöschlich. Uebrigens hat Laurent selbst Dumas' Priorität anerkannt. Bei einer Erörterung über die Zusammensetzung eines Naphtalinderivats äufserte er sich folgendermafsen: „Diese Zusammensetzung ist sehr beachtenswerth, weil sie das Gesetz der Substitutionen, das Dumas entdeckt hat, und die Theorie der abgeleiteten Radicale, über die ich bereits einen flüchtigen Ueberblick gegeben habe, vollkommen bestätigt."

Das waren die Anfänge dieser Lehre, die einen entscheidenden Einflufs auf die chemischen Theorien ausüben sollte. Sie fand nur langsam und mit Mühe Aufnahme in der Wissenschaft; denn sie verstiefs wider allgemein angenommene Ansichten und der hervorragendste Vertreter derselben, Berzelius, nahm sie mit Geringschätzung auf. Wie konnte auch der Vertheidiger der elektro-chemischen Theorie der Ansicht Laurent's zustimmen, dafs das Chlor, ein elektro-negatives Element, in einer Verbindung dieselbe Rolle spielen kann wie der Wasserstoff, ein elektro-positives Element? Eine solche Behauptung, von einem jungen Chemiker ohne Autorität aufgestellt, erschien ihm selbst einer ernsthaften Widerlegung nicht würdig.

Später, als Dumas diese Ansicht angenommen und seine ersten Angriffe gegen die elektro-chemische Theorie gerichtet hatte, trat Berzelius, der die Gefahr ermafs, entschlossen in die Schranken und stritt gegen die Anhänger der Substitutionstheorie einen erbitterten Kampf. Dieser Theorie war kurz zuvor durch die Entdeckung der Trichloressigsäure eine schöne Bestätigung zutheil geworden.

Bekanntlich unterscheidet sich diese Säure von der Essigsäure dadurch, dafs sie 3 Atome Chlor für 3 Atome Wasserstoff substituirt enthält. „Es ist gechlorter Essig," sagte Dumas, „aber merkwürdig genug, mindestens für Diejenigen, die sich dagegen sträuben im Chlor einen Körper zu erkennen, der fähig ist, den Wasserstoff im strengen Sinne des Worts zu substituiren, ist der gechlorte Essig immer noch eine Säure wie der gewöhnliche Essig. Sein Verhalten als Säure ist unverändert. Er sättigt dieselbe Quantität Basis wie zuvor; er sättigt sie gleich gut und die Salze, die daraus entstehen, zeigen, mit den Salzen der Essigsäure verglichen, eine überaus interessante allgemeine Gleichartigkeit des Verhaltens.

„Wir haben hier also eine neue organische Säure, die eine sehr beträchtliche Menge Chlor enthält und dasselbe dennoch durch keine der Chlor-Reactionen erkennen läfst, eine Säure, in der der Wasserstoff verschwunden und durch Chlor ersetzt ist, während diese Substitution nur eine geringe Aenderung in ihren physikalischen Eigenschaften zur Folge gehabt hat. Alle wesentlichen Merkmale der Substanz sind unverändert geblieben.

„Wenn ihre inneren Eigenschaften eine Modification erfahren haben, so wird dieselbe doch nur wahrnehmbar, wenn unter der Einwirkung einer neuen Kraft das Molekül zerstört und in andere Producte umgewandelt wird.... Indem ich einer solchen Gedankenfolge, wie sie die Thatsachen mir aufdrängen, nachgehe, habe ich die elektro-chemischen Theorien unberücksichtigt gelassen, auf die Berzelius die Anschauungen der Lehre begründet hat, die durch ihn in der Wissenschaft zur Herrschaft gelangt ist.

„Aber beruhen denn diese elektro-chemischen Ansichten, diese eigenthümliche Polarität, die er den Molekülen der einfachen Körper zuschreibt, auf so unzweifelhaften Thatsachen, dafs man sie als Glaubensartikel hinstellen darf? Oder wenn man sie als Hypothesen anzusehen hat, sind sie denn zum mindesten fähig, sich den Thatsachen anzupassen, sie zu erklären, sie mit so vollkommener Sicherheit vorauszusagen, dafs man bei chemischen Untersuchungen ihnen wesentliche Förderung verdankte? Man mufs zugestehen — dem ist nicht so."

Diese kühne Sprache liefs deutlich genug die Opposition erkennen, welche sich gegen die elektro-chemischen Theorien erhob und bald weitergehend sich gegen das System des Dualismus richten sollte.

Berzelius ermüdete seinerseits nicht in energischer Vertheidigung. Er konnte die Thatsachen nicht leugnen und legte sie deshalb nach seiner Weise aus: Das Chlor, das in den organischen Verbindungen an die Stelle des Wasserstoffs tritt, spielt in ihnen dieselbe Rolle wie der Sauerstoff. Seinem Wesen nach elektro-negativ, verbindet es sich mit positiven Kohlenwasserstoff-Radicalen. Ein Körper, der nur Kohlenstoff, Wasserstoff und Chlor enthält, ist ein Chlorid. So ist das Chloroform das Formyltrichlorid. Enthält eine Verbindung als viertes Element Sauerstoff, so ist sie zugleich ein Oxyd und ein Chlorid. Beide sind binäre Verbindungen und bilden in ihrer Vereinigung eine complicirtere, aber wiederum binäre Verbindung. Die Essigsäure ist das Trioxyd des Acetyls in Verbindung mit Wasser; die Trichloressigsäure hat eine durchaus andere Constitution. Sie ist eine Verbindung von Kohlenstoffsesquichlorid und Kohlenstoffsesquioxyd (Oxalsäure), die als Ganzes mit Wasser zusammentritt. — Berzelius entfernte also die beiden Körper von einander, zwischen denen Dumas so einfache Beziehungen der Zusammensetzung, so klare Verwandtschaftsverhältnisse nachgewiesen hatte.

Ebenso verfuhr er mit den andern organischen Körpern und ihren Chlorderivaten. Die letzteren erhielten oft überaus complicirte Formeln: von mehreren Molekülen eines Chlorids in Verbindung mit mehreren Molekülen eines Oxyds. In der Aufstellung dieser Formeln zeigte sich Berzelius scharfsinnig und willkürlich zugleich; täglich erfand er neue Radicale und brachte sie bald mit dem Chlor, bald mit dem Sauerstoff in

Verbindung. So fruchtbar an Hypothesen, wie er früher an genauen Analysen und an Entdeckungen gewesen war, führte er sein System bis in die äufsersten Consequenzen durch und brachte es durch seine eigene Mafslosigkeit zu Falle.[1])

Eine Vorstellung, von der damals zuerst die Rede war, die dann zu wiederholten Malen lebhafte Discussionen hervorgerufen hat, spielt in diesen Auslassungen von Berzelius eine grofse Rolle, die Ansicht nämlich, dafs zwei Substanzen bei ihrer Verbindung sich inniger vereinen können als Säuren und Basen, welche Salze bilden. So hatte man beobachtet, dafs aus den Verbindungen der Schwefelsäure mit verschiedenen organischen Körpern diese Säure durch Baryt nicht mehr gefällt wird; daraus schlofs man, dafs die Verbindung der Säure mit

---

[1]) Die nachfolgenden Formeln lassen den Unterschied der beiden Auffassungen klar hervortreten.

	Substitutions-Formel.	Berzelius-Formel.
Essigsäure	$C^4 H^3 O^3 . HO$	$C^4 H^3 . O^3 + HO$
Trichloressigsäure	$C^4 Cl^3 O^3 . HO$	$C^2 O^3 . C^2 Cl^3 + HO$

Weitere Beispiele werden eine Vorstellung von der Verwicklung der dualistischen Formeln geben. Malaguti's Perchloräther wurde als eine Doppelverbindung von 1 Molekül wasserfreier Oxalsäure mit 5 Molekül Oxalchlorid (Kohlenstoffsesquichlorid) betrachtet. Berzelius nannte diese Verbindung Oxal-aci-quintichlorid. Malaguti's Perchloroxaläther ward so zu einer Verbindung von 4 Atomen Oxalsäure und 5 Atomen Kohlenstoffsesquichlorid; Berzelius nannte ihn Oxal-quadraci-quintichlorid und meinte, man könne in ihm eine Verbindung von 3 Atomen Oxalacichlorid mit 1 Atom Oxalacibichlorid annehmen. Die folgenden Formeln entsprechen dieser eigenthümlichen Auffassungsweise.

	Substitutions-Formeln.	Berzelius-Formeln.	
Aether	$C^4 H^5 O$	$C^4 H^5 O$	
Perchloräther	$C^4 Cl^5 O$	$C^2 O^3 + 5 C^2 Cl^3$	Oxal-aci-quintichlorid.
Oxaläther	$C^2 O^3 . C^4 H^5 O$	$C^2 O^3 + C^4 H^5 . O$	
Perchloraxaläther	$C^2 O^3 . C^4 Cl^5 O$	$\begin{cases} 4\, C^2 O^3 + 5 C^2 Cl^3 \\ = 3 [C^2 O^3 + C^2 Cl^3] \\ + [C^2 O^3 + 2 C^2 Cl^3] \end{cases}$	Oxal-quadraci-quintichlorid.

dem organischen Körper so innig sei, dafs eine ihrer wichtigsten Eigenschaften, die, mit dem Baryt eine unlöfsliche Verbindung einzugehen, vernichtet oder unwirksam gemacht wird.

Gerhardt hatte diese Art Säuren als gepaarte *(copulés)* bezeichnet; der eng mit der Säure verbundene organische Körper war der Paarling, die „Copula." Dumas hat diesen Verbindungen später den passenderen Namen „conjugirte" Verbindungen gegeben. Berzelius wies anfangs die Vorstellung zurück und verspottete den Ausdruck, später nahm er beide an. Er ordnete in die Klasse der „gepaarten" Verbindungen eine sehr grofse Zahl organischer Körper ein, deren Formeln in zwei eng mit einander verkettete Theile zerlegt wurden. Aus der innigen Vereinigung erklärte man den Widerstand, den solche Verbindungen der doppelten Zersetzung entgegensetzen. Die Schwefelsäure verliert in ihr die Fähigkeit, den Baryt zu fällen; das Chlor wird in ihr nicht mehr durch Silbernitrat angezeigt. Die Unmöglichkeit, die gepaarten Verbindungen in ihre näheren Bestandtheile zu zerlegen, gab Berzelius' Phantasie ein freies Spiel; nach Belieben vermehrte er die Zahl der „Paarlinge", ohne sich die überflüssige Mühe zu geben, ihr Bestehen durch experimentelle Beweise glaublicher zu machen.

Während sein Genius sich in so undankbarer Arbeit erschöpfte, war man im gegnerischen Lager mit neuen Entdeckungen beschäftigt.

Junge Gelehrte standen Dumas erfolgreich zur Seite vor Allen Laurent, dessen bewundernswerthen Forschungen über das Naphtalin wir die Kenntnifs einer grofsen Zahl durch Substitution entstandener Körper verdanken. Ein gleicher Erfolg krönte die schönen Untersuchungen Regnault's über die Chlorderivate des Chlorwasserstoff-Aethers und des Oels der Holländischen Chemiker und bald nacher diejenigen Malaguti's, in denen er mit unübertroffener Gründlichkeit die Wirkung des Chlors auf die Aether erforschte.

Alle diese Untersuchungen machten Epoche in der Geschichte der Wissenschaft; die neuen Thatsachen drängten sich in ihnen zu Schaaren, und eine nach der andern bestätigte die

64   BERZELIUS.

neue Theorie. Die letztere wurde zugleich berichtigt und erweitert, und unter ihren wichtigsten Ausführungen haben wir einen Gedanken zu verzeichnen, den Dumas zuerst ausgesprochen hat, nämlich seine Ansicht von der Möglichkeit einer Substitution ganzer Atomgruppen, zusammengesetzter Radicale, an die Stelle einfacher Körper wie Wasserstoff. Die Nitro-Verbindungen, d. h. die Körper, die durch die Einwirkung concentrirter Salpetersäure auf eine grofse Zahl organischer Verbindungen entstehen, wurden als Verbindungen betrachtet, in denen die Elemente der Untersalpetersäure für den Wasserstoff substituirt sind. Hierin liegt der Ausgangspunkt für die späteren Ansichten über die Vertretung von Elementen durch zusammengesetzte Radicale, die einen wesentlichen Bestandtheil der Typentheorie ausmachen. Die Typentheorie ist die Tochter der Substitutionstheorie, die sich auf diese Weise doppelt fruchtbar bewiesen hat, indem sie nicht nur eine unermefsliche Anzahl von Thatsachen zu Tage förderte, sondern auch eine neue Theorie. Selten hat ein Gedanke eine so grofse Bewegung und einen so tiefgreifenden Kampf hervorgerufen. Unter dem Einflusse von Berzelius haben die nicht französischen Gelehrten sie zuerst mit Mifstrauen, wenn nicht gar als eine gefährliche Neuerung aufgenommen, zum mindesten als eine überflüssige Ausführung einer bekannten Lehre. Es ist nur ein besonderer Fall der Theorie der Aequivalente, sagte man. Dumas hat diese Auffassung schlagend widerlegt.[1]) Nach und nach verringerte sich angesichts der

---

[1]) Comptes rendus, t. VIII., p. 610. „Berzelius ist geneigt, diese Thatsachen als einen besonderen Fall der Theorie der Aequivalente gelten zu lassen. Er theilt in dieser Hinsicht eine Meinung, die in Deutschland wiederholt geäufsert ist, die ich jedoch niemals widerlegen zu müssen glaubte, die Meinung, dafs schon aus der Theorie der Aequivalente folge, es müsse der Wasserstoff durch eine äquivalente Menge Chlor oder Sauerstoff vertreten werden können. Ich kann nicht sagen, wer zuerst diesen Einwurf gegen die Theorie der Substitutionen erhoben hat; aber ich habe nie geglaubt, dafs er auf die Ueberzeugung der Chemiker Eindruck machen könne. Ist nicht völlig klar, dafs wenn

offenkundigen Thatsachen und der Autorität der Anhänger, die ihr gewonnen wurden, der Widerstand gegen die neue Theorie. Im Jahre 1839 erklärte ein Forscher, der auf die Fortschritte der Chemie sehr grofsen Einflufs ausgeübt hat, nämlich Liebig, die von Dumas vorgeschlagene Deutung der Substitutionswirkungen scheine ihm für zahlreiche Erscheinungen auf dem Gebiet der organischen Chemie den Schlüssel zu geben.[1]) „Ich theile nicht die Ansichten," sagte er, „die Berzelius in Betreff der von Malaguti entdeckten Verbindungen äufsert; ich glaube vielmehr, dafs diese Substanzen durch einfache Substitution entstanden sind."[2]) Der Sieg war entschieden. Berzelius selbst hat schliefslich Zugeständnisse gemacht. Nachdem es Melsens gelungen war, durch umgekehrte Substitution, d. h. durch Wiedereinführung von Wasserstoff an der Stelle des Chlors, die Trichloressigsäure in Essigsäure zu verwandeln; war es nicht mehr möglich, für beide Säuren eine verschiedene Constitution anzunehmen. „Sie sind demnach beide gepaarte Oxalsäuren," sagte Berzelius; nur enthält die Trichloressigsäure im Paarling 3 Atome Chlor für 3 Atome Wasserstoff substituirt.[3]) So ist

---

z. B. ein Körper 8 Volume Wasserstoff enthält, der Theorie der Aequivalente Genüge schon geleistet ist, wenn das Chlor diese 8 Volume der Verbindung entzieht, ohne an ihre Stelle zu treten, und um nichts weniger, wenn nach ihrem Austreten 2, 4, 6 oder 8 Volume Chlor oder selbst 10, 12 oder 20 Volume ihre Stelle einnehmen? Mit einem Wort, sofern nur die Quantitäten Chlor und Wasserstoff, die der Körper verliert oder behält, irgendwie durch Aequivalente ausdrückbar sind, wird der Theorie der Aequivalente genug gethan. Anders steht es mit der Metalepsie".

[1]) Annalen der Chemie und Pharmacie, t. XXXI., p. 119.
[2]) Annalen der Ch. u. Ph., t. XXXII., p. 72, 1839.
[3]) Berzelius hatte früher bereits die Trichloressigsäure als eine gepaarte Verbindung von Oxalsäure und Kohlensesquichlorid betrachtet. Er wandte jetzt dieselbe Betrachtungsweise auf die Essigsäure an, indem er in dieser Säure als Paarling die Gruppe C^2H^3 annahm.

Trichloressigsäure $C^2Cl^3 . C^2O^3 + O$
Essigsäure $C^2H^3 . C^2O^3 + O$

nach ihm die Substitution des Chlors für den Wasserstoff möglich und erfolgt Atom für Atom, wenn nicht in allen organischen Molekülen, so doch zum mindesten in den Kohlenwasserstoff-Gruppen, die darin in enger Verbindung enthalten sind. Kurz, auch Berzelius ergab sich und rettete nur den Schein durch eine Einschränkung, die keine weitere Bedeutung hatte. Aber während er die Substitutionen, die er anfangs so entschieden bekämpft hatte, anerkannte, blieb er in seinen anderweitigen Ueberzeugungen unerschüttert. Die Durchführung der Theorie der Radicale, zu der nun noch jene Annahme von einer besondern Verbindungsweise derselben in den gepaarten Körpern hinzukam, gestattete ihm, in der Zeichensprache die dualistischen Formeln beizubehalten, die sein System charakterisiren. Sollen wir heute, zwanzig Jahre nach seinem Tode, um seines Andenkens willen die Kämpfe beklagen, die seine letzten Jahre beunruhigt haben, und aus denen er nicht als Sieger hervorgegangen ist? Keineswegs. Dieser grofse Streit hat seine Früchte getragen, und Berzelius heftiger Widerspruch hat heilsamer gewirkt, als Stillschweigen und Ruhe zu wirken vermocht hätten. So hat er als mächtiger Gegner selbst noch durch seine Irrthümer der Wissenschaft gedient, die er durch seine Entdeckungen so reichlich ausgestattet hatte.

LAURENT UND GERHARDT.

Unter den entschiedensten Gegnern der dualistischen Lehren wird die Geschichte der Wissenschaft in erster Reihe Laurent und Gerhardt nennen.

Diese Namen sind untrennbar verbunden und die Ehre, die wir ihnen schulden, gilt den vereinten Gelehrten, die in Arbeit, Kämpfen und Freundschaft zusammenstanden. Laurent und Gerhardt waren von gleicher Art und von derselben Bedeutung. Als Männer von hohem Geist haben sie die schwierigsten Probleme in Angriff genommen und ihre Bestrebungen mehr den Fragen der Theorie als den Anwendungen zugewandt. Mit verschiedenen Fähigkeiten ausgerüstet haben sie dasselbe Ziel verfolgt und dabei in der Vertheidigung derselben Ansichten wechselseitig einer in dem andern seine Stütze gefunden. Der Eine war in der schwierigen Kunst der Versuche zur Meisterschaft gelangt und gleich gewandt in der Entdeckung neuer Thatsachen, wie scharfsinnig und kühn in ihrer Erklärung; der Andere, minder zum Eingehen in Einzelheiten befähigt, besaſs dafür ein auſserordentliches Talent, die Thatsachen in ihrer Gesammtheit zu erfassen. Lag Laurents Bedeutung in der Analyse und der Klassification, so ragte Gerhardt durch seine generalisirende Richtung hervor. In dem Bericht, den wir über ihre Forschungen geben wollen, soll der Versuch gemacht werden, das Eigenthümliche von Beiden hervorzuheben, obwohl Alles in Allem genommen, ihr Werk als ein gemeinsames angesehen werden kann.

I.

August Laurent ward am 14. November 1807 in La Folie, in der Nähe von Langres, geboren. In seinem 19ten Jahre trat er, ohne in der Anstalt selbst zu wohnen, (als *élève externe*) in die *École des mines* (Bergschule) ein, die er drei Jahre später mit dem Ingenieursdiplom verliefs. Im Jahre 1831 wurde er zum Repetenten für die chemischen Vorlesungen an der *École centrale des Arts et manufactures* ernannt. Der Professor der Chemie war Dumas und er führte den jungen Laurent in die organische Analyse ein. Laurent beschäftigte sich zuerst damit, die Zusammensetzung des Naphtalins zu bestimmen, das er aus dem Steinkohlentheer darstellen lehrte. So führte ihn eine glückliche Fügung der Umstände sofort auf diese Verbindung, die durch Beständigkeit und Wandlungsfähigkeit in gleichem Mafse ausgezeichnet, später den Hauptgegenstand seiner Forschungen ausmachen sollte.

Vom geschichtlichen Standpunkt aus betrachtet, erscheinen die gechlorten Verbindungen des Naphtalins von besonderer Wichtigkeit und demgemäfs verdienen auch die Ansichten, die Laurent in seinen ersten Arbeiten über ihre Constitution geäufsert, ausdrückliche Erwähnung. Er hatte beobachtet, dafs das feste Naphtalinchlorür weniger Wasserstoff enthält als das Naphtalin, weil das Chlor demselben einen Theil dieses Elements in der Form von Chlorwasserstoff entzogen hat. Er betrachtete daher die betreffende Chlorverbindung als das Chlorür eines neuen Kohlenwasserstoffs, mit geringerem Wasserstoffgehalt als das Naphtalin. Der Gedanke, dafs ein Theil des Chlors für den ausgeschiedenen Wasserstoff substituirt sein und in der Verbindung dieselbe Rolle spielen könne, wie dieser, kam ihm nicht in den Sinn oder findet sich zum mindesten in dieser ersten Abhandlung nicht ausgesprochen. Die Auffassung, die darin ausgeführt wird, entspricht der Radicaltheorie. Das Naphtalin verwandelt sich, wenn es unter der Einwirkung des Chlors Wasserstoff verliert, in ein Radical, das mit dem Chlor zusammentritt und ein Chlorid bildet. In diesem spielt das Chlor dieselbe Rolle wie in einem mineralischen Chlorid. Das scheint Laurents erste Auffassung gewesen zu sein.[1]) Aber seine Ansichten änderten sich bald. Zwei Jahre später nahm er die Substitutionstheorie an und kam nun zu einer anderen Erklärung. „Vergleicht man," sagte er, „die Producte der Einwirkung des Brom, Chlor, Sauerstoff und der Salpetersäure auf verschiedene Kohlenwasserstoffe, so gelangt man zu folgenden Schlüssen, deren erster Herrn Dumas angehört.

„1. So oft das Chlor, das Brom, der Sauerstoff oder die Salpetersäure Wasserstoff entziehend auf einen Kohlenwasserstoff einwirken, wird der Wasserstoff durch ein Aequivalent Chlor, Brom oder Sauerstoff vertreten.

„2. Gleichzeitig entsteht Chlorwasserstoffsäure, Bromwasserstoffsäure, Wasser oder salpetrige Säure, die bald frei werden, bald mit dem neugebildeten Radical verbunden bleiben."

In diesen beiden Sätzen liegt der Keim einer Theorie, die Laurent zuerst im Jahre 1836 aufgestellt und in der Inaugural-Dissertation, die er im Jahre 1837 vor der Facultät der Naturwissenschaften zu Paris vertheidigte, weiter ausgeführt hat: nämlich die Kerntheorie, die hier eine kurze Erwähnung verdient, obwohl sie in der Entwicklung der modernen Theorien nur eine untergeordnete Rolle gespielt hat und deren Hauptzüge die folgenden sind.

---

[1]) In seiner Abhandlung über die Chlorverbindungen des Naphtalins (Annales de chimie et de physique, 2ᵉ sér., t. LII., p. 275, 1833) beschreibt Laurent zwei Verbindungen des Naphtalin, ein festes Chlorür $Ch^2 + C^{10}H^3$ und ein ölartiges Chlorür, für das er eine complicirtere Zusammensetzung angiebt. In Bezug auf das feste Chlorür äufsert er sich (p. 281): „Durch die Formel $Ch^2 + C^{10}H^3$, kann man die Theorie der Entstehung dieser Verbindung ausdrücken, wenn man annimmt, dafs 3 Volume Chlor auf 1 Volum Naphtalin $C^{10}H^4$ wirken und dasselbe in ein eigenthümliches Chlorid $Ch^2 + C^{10}H^3$ umwandeln und 2 Volume Chlorwasserstoffsäure ausscheiden. Der Körper $Ch^2 + C^{10}H^3$ ist demnach das feste Chlorid eines eigenthümlichen Kohlenwasserstoffs."

Die Moleküle der organischen Körper sind entweder Kerne oder Verbindungen dieser Kerne mit andern Substanzen, die aufserhalb des Kerns stehen. Die Kerne selbst bestehen aus Gruppen von Kohlenstoff-Atomen, die mit andern Elementen verbunden sind. Jeder Kern enthält eine bestimmte Anzahl von Kohlenstoffatomen in Verbindung mit einer bestimmten Anzahl anderer Atome, die in unveränderlicher Ordnung die ersteren umgeben. Im Allgemeinen steht die Zahl der Kohlenstoffatome in jedem Kern in einer sehr einfachen Beziehung zur Anzahl der andern Atome.

Die Kerne oder Radicale sind zweifacher Art: es sind Stammkerne oder abgeleitete Kerne. Die ersteren enthalten nur Kohlenstoff und Wasserstoff und wenn sie durch Substitution verändert werden, bilden sie abgeleitete Kerne oder Radicale. Die einfachen Körper, die am häufigsten den Wasserstoff der Radicale vertreten, sind das Chlor, das Brom, das Jod, der Sauerstoff und der Stickstoff. Aber ebenso können auch zusammengesetzte Körper, die die Rolle von Radicalen spielen, den Wasserstoff ersetzen und in den Kern eintreten. So können die Untersalpetersäure, d. i. wasserfreie Salpetersäure weniger einem Atom Sauerstoff, das Amid, d. h. Ammoniak, weniger einem Atom Wasserstoff, das Imid, d. h. Ammoniak, weniger 2 Atomen Wasserstoff, das Arsid, d. h. Arsenwasserstoff, weniger einem Atom Wasserstoff, das Cyan, alle Atom für Atom den Wasserstoff der Kerne vertreten. Es folgt daraus, dafs jedem Grundkern oder Radical eine gewisse Anzahl von abgeleiteten Kernen oder Radicalen entspricht. In allen bleibt die Zahl und Anordnung der Atome dieselbe, sofern man die zusammengesetzten Gruppen, die sich wie einfache Körper verhalten, für ein Atom rechnet.

Andere Elemente, wie der Wasserstoff, das Chlor, das Brom, das Jod, der Sauerstoff, der Schwefel können sich um jeden Kern lagern und so verschiedene Verbindungen bilden, die derselben Familie angehören. So umfafst die Familie des Aethylens oder ölbildenden Gases aufser diesem Körper, dem Stammradical, das Aethylenchlorür und -bromür, die durch

Hinzutreten von 2 Aequivalenten Chlor oder Brom zum Radical entstehen, ferner ein Oxyd, nämlich den Aldehyd, der durch Addition von 2 Aequivalenten Sauertoff entsteht, eine einbasische Säure, nämlich die Essigsäure, die durch Aufnahme von 4 Aequivalenten Sauerstoff entsteht. Die Körper, die durch Hinzutreten des Sauerstoffs zu den Kernen entstehen, zeigen ein verschiedenes Verhalten, und dies Verhalten steht zur Zahl der Sauerstoff-Aequivalente, die in die Verbindung eintreten, in bestimmter Beziehung. Der Aldehyd, der nur 2 Aequivalente enthält, ist neutral, die Essigsäure mit 4 Aequivalenten ist eine einbasische Säure. Eine dreibasische Säure entsteht wenn zumKern 6 Atome Sauerstoff hinzutreten. Im Vorübergehen sei auf die Bedeutung dieser Anschauungsweise hingewiesen, die zum ersten Mal den Einfluſs des Sauerstoffs auf die Basicität der Säuren hervorhebt. Der Gedanke war richtig, aber die Form, in die er gekleidet war, kann heute nicht mehr als angemessen betrachtet werden.

Laurent macht darauf aufmerksam, daſs dies Hinzutreten von Chlor, Brom, Sauerstoff immer in einer paaren Zahl von Aequivalenten stattfindet. Niemals sieht man ein einzelnes Aequivalent dieser einfachen Körper sich mit einem Kern vereinigen; immer sind es 2, 4 oder 6 Aequivalente. Aber, wie er glaubte, kann die relative Menge des Sauerstoffs oder Chlors nicht über eine gewisse Grenze hinaus zunehmen, weder im Kern, noch auſserhalb desselben, ohne daſs dadurch eine gewisse Unbeständigkeit des Moleküls hervorgerufen würde, und ein entschiedenes Bestreben, in zwei oder mehrere Verbindungen zu zerfallen, die dann niedrigeren Reihen angehören. Auf diese Weise zerfällt das Chloral unter der Einwirkung der Alkalien in ameisensaures Salz und Chloroform.

Man erkennt hier an einem weiteren Beispiel, daſs es Laurent nicht nur darauf ankam, die Körper nach ihrer Constitution, d. h. nach der Natur, Zahl und Anordnung ihrer Atome zu klassificiren; daſs er vielmehr in dieser Constitution Anhaltspunkte zur Erklärung ihrer Eigenschaften suchte. In der These, die er am 20. December 1837 in der Sorbonne vertheidigte, versuchte er, seine Ansicht von den Kernen und den Atomen, die wie Anhängsel rings um sie geordnet liegen, durch einen sinnreichen Vergleich zu veranschaulichen.

„Man denke sich," sagte er, „ein gerades 16 seitiges Prisma, an dessen beiden Grundflächen sich also 16 Ecken und 16 Kanten finden würden. Bringen wir in jede Ecke ein Molekül (ein Atom) Kohlenstoff und an die Mitte jeder Seite der Grundflächen ein Molekül (ein Atom) Wasserstoff: so wird dies Prisma das Stammradical $C^{32}H^{32}$ darstellen. Bringen wir über beiden Grundflächen Wassermoleküle an, so erhalten wir ein Prisma, das beiderseits in eine Art Pyramide ausläuft und die Formel des neuen Körpers ist dann $C^{32}H^{32} + 2H^2O$.

„Durch gewisse Reactionen kann man, wie in der Krystallographie, diesen Krystall spalten, d. h. ihm die Pyramiden oder sein Wasser nehmen, um ihn auf die primitive oder Stammform znrückzuführen.

„Lassen wir mit dem Stammradical Sauerstoff oder Chlor in Berührung treten, so wird das eine wie das andere dieser Elemente, vermöge seiner starken Verwandtschaft zum Wasserstoff, dem Radical ein Molekül Wasserstoff entziehen; das Prisma, dem eine Kante genommen wird, müfste zusammenfallen, wenn man nicht an ihre Stelle eine äquivalente Kante, entweder Sauerstoff, oder Chlor, Stickstoff u. s. w. einführte. Man erhält somit ein 16 seitiges Prisma (ein abgeleitetes Radical), in dem die Zahl der körperlichen Winkel (Kohlenstoffatome) sich zu der der Seiten der Grundflächen (Chlor- und Wasserstoffatome) wie 32:32 verhält.

„Der Sauerstoff oder das Chlor, die den Wasserstoff entziehen, bilden Wasser oder Chlorwasserstoffsäure; diese können abgeschieden werden, oder als Pyramiden an dem abgeleiteten Prisma haften bleiben. Durch Spaltung kann man dann diese Pyramiden wieder abtrennen, d. h. man kann beispielsweise durch Kali die Chlorwassertoffpyramide entziehen, aber dies Alkali wird nicht im Stande sein, das Chlor im Prisma selbst anzugreifen, oder wenn es dazu im Stande ist, so mufs es nothwendig eine andere Kante oder ein anderes Aequivalent statt des Chlors einführen.

„Somit kann man sich ein abgeleitetes Prisma (Radical) denken, das auf 32 Kohlenstoffecken 8 Wasserstoff-, 8 Sauerstoff-, 4 Chlor-, 4 Brom-, 4 Jod- und 4 Cyankanten enthält. Seine Form und seine Formel würden immer noch denen des Stammradicals ähnlich sein."

Hier bleibt allerdings nicht viel von der dualistischen Auffassung übrig. Nach Laurent bildet die Verbindung, die aus einem Kern und seinen Anhängseln besteht, ein Ganzes, wie ein Krystall. Man sieht auch, dafs die Substitutionstheorie die Grundlage des von Laurent entworfenen Systems ist, wie sie später der Typentheorie zu Grunde gelegt wurde. Es wird nicht überflüssig sein, darauf aufmerksam zu machen, dafs zwischen der Theorie der Typen in ihrem Grundgedanken und der Theorie der Kerne eine gewisse Analogie besteht. Wie Laurent, so betrachtet auch Dumas die chemischen Verbindungen als einheitlichen Bau. Dann aber verglich er sie in einem vielleicht tiefer gedachten Bild, als Laurents Krystall es gewährt, mit Planetensystemen, deren Planeten den durch Affinität zusammengehaltenen Atomen entsprechen.

Die Kerntheorie ist der weitgreifendste Gedanke Laurents. Sie bot ein Mittel dar, eine grofse Zahl organischer Verbindungen in Gruppen zu ordnen und Laurent hat dies vortreffliche Mittel zur Klassification in seiner Lehre nicht übersehen und nicht unbenutzt gelassen. Er ordnete die Körper nach Reihen, einem wichtigen Begriff, der hier zum ersten Mal auftritt. Eine Reihe umfafste alle Körper, in denen ein bestimmtes Stammradical oder eins seiner Derivate enthalten ist. Aber unter der Gesammtheit dieser Körper gilt es Sonderungen zu treffen. Obwohl sie ein gemeinsames Band in ihrer Zusammensetzung haben, können sie doch durch die Natur des Radicals verschieden sein, je nachdem dasselbe ein Stammradical oder abgeleitetes Radical ist, sowie auch durch die Zahl und die Natur der Atome, die zum Radical hinzugekommen sind. Sie sind also durch den Typus, dem sie angehören und natürlich auch durch Verhalten und Wirkungsweise verschieden. Es läfst sich daher für jede Reihe eine gewisse Zahl von Typen aufstellen, die bei allen übrigen wiederkehren. In der Erfindung dieser Typen hat Laurent sich scharfsinnig und fruchtbar, vielleicht zu fruchtbar bewiesen. Einige dieser Typen, die gewisse Verhaltungsweisen bezeichnen, sind geblieben, andere sind der Vergessenheit anheim gefallen. Noch heute reden wir von Anhydriden, Amiden, Imiden, Amidsäuren, Aldehyden; aber wer denkt noch an Analcide, Halyde, Camphide, Protogenide u. s. w.? Diese Worte sind aus der wissenschaftlichen Sprache verschwunden, denn was sie bezeichneten, war nicht der Erhaltung werth.

Laurents Klassification, deren Grundlagen wir überblickt haben, war also nur ein genialer Versuch, wie seine Kerntheorie nur als eine vorzeitige Bemühung zu betrachten ist. Allerdings hat Leopold Gmelin, ein Mann, der durch Gelehrsamkeit wie durch Unabhängigkeit des Urtheils ausgezeichnet war, die Kerntheorie seinem berühmten Lehrbuch der Chemie zu Grunde gelegt, aber ohne dafs es ihm gelungen wäre, sie zu verbreiten.

Eine andere Theorie, die etwas später aufgekommen ist, war glücklicher. Sie war anfangs wie die Kerntheorie von beschränkter Anwendung und als Laurent die erstere weiter ausführte, hat er der anderen manche Einzelheiten entlehnt. Beide beruhten überdies auf demselben Grunde, auf der Substitutionstheorie, aber die eine trug den Keim zu wichtiger Fortbildung in sich: nämlich die Typentheorie, die unten eingehender zu erörtern sein wird.

Wir haben versucht, den wesentlichen Antheil Laurents an der Substitutionstheorie nachzuweisen, seinen Kampf gegen den Dualismus zu schildern, worin er Dumas wirksam unterstüzt hat und dann die wichtigen Anschauungen hervorgehoben, die ihm ausschliefslich angehören.

Aber damit sind die Dienste, die Laurent der Wissenschaft geleistet hat, nicht erschöpft. An seinen Arbeiten bildete sich ein Schüler, der für sich allein eine ganze Schule werth war. Der junge Gerhardt schloſs sich Laurents Ideen an und trat zu ihm in ein nahes Freundschaftsverhältniſs. Später tauschten sie gewissermaſsen ihre Rollen um. Es war dann Laurent, der sich zu Gerhardts Ansichten bekannte; und es wäre darum ungerecht, den Einen der Beiden dem Andern unterzuordnen.

II.

Charles-Frédéric Gerhardt ward zu Strasburg am 21. August 1816 geboren.

Er gab frühzeitig Beweise von ungewöhnlichem Geist und unabhängigem Charakter. Nach einer etwas bewegten Jugend, widmete er sich dem Studium der Chemie unter Liebigs Leitung zu Gieſsen, wo dieser Meister, der damals in dem ersten Glanze seines Ruhmes stand, junge Gelehrte aus allen Ländern der Welt um sich versammelte und eine mit Recht berühmte Schule gründete.

Schon mit den ersten Schritten in seiner Laufbahn bekundete Gerhardt seine hervorragende Begabung. Er wuſste leichter eine Frage von ihrer allgemeinen Seite zu erfassen, als auf dem Wege des Versuchs ihre Einzelheiten zu verfolgen. Als er dann in der Kunst, Thatsachen zu ordnen und auszulegen, zur Meisterschaft gelangt war, verstand er es, ihnen die allgemeinsten und werthvollsten Folgerungen für die Theorie zu entlocken. Ihm war eine systematische Auffassung, die Gabe, das Allgemeine in den Erscheinungen zu durchschauen, im höchsten Grade eigen und er war stets seines Gegenstandes Meister.

Am 5. September 1842 las er vor der Akademie eine Abhandlung: „über die chemische Klassification der organischen Substanzen", worin er in Betreff der Aequivalente des Kohlenstoffs, des Wasserstoffs und Sauerstoffs neue und wichtige Ansichten vortrug. Diese Ansichten führte er später in einer umfassenderen Arbeit weiter aus. Sie beruhen auf folgender Thatsache: Wird bei einer organischen Reaction Wasser oder Kohlensäure gebildet, so entspricht die relative Menge dieser

Körper niemals dem, was man damals ein Aequivalent nannte, sondern immer zwei Aequivalenten oder einem Vielfachen dieser Quantität. Diese Thatsache überraschte Gerhardt: sie schien ihm einen Fehler zu verrathen, der entweder bei der Bestimmung der Molekulargröfse der organischen Substanzen begangen war, oder bei der Bestimmung der Aequivalente der Kohlensäure und des Wassers oder vielmehr des Kohlenstoffs und des Sauerstoffs. Undenkbar schien in der That, dafs bei keiner Reaction der organischen Chemie ein einzelnes Molekül Wasser- oder Kohlensäure entstehen könne. „Nur zweierlei ist möglich, sagte Gerhardt[1]) „entweder H^4O^2 und C^2O^4 entsprechen einem Aequivalent oder sie entsprechen zweien." Nähme man das Erstere an, so müfste man die Formeln der Mineralchemie verdoppeln, „um sie mit den organischen Formeln in Uebereinstimmung zu bringen" und so zu verfahren, schlug er anfangs vor. Nach der andern Annahme müfste man im Gegentheil alle organischen Formeln halb so grofs annehmen. Bei dieser letzteren Alternative ist Gerhardt schliefslich stehen geblieben.

Die organischen Formeln, die er auf diese Weise verkleinerte, sind die Atomformeln von Berzelius. Nach dessen Vorgang betrachtete er das Wasser als bestehend aus 2 Atomen Wasserstoff und 1 Atom Sauerstoff. Er kam also für den Wasserstoff und Sauerstoff auf die Atomgewichte von Berzelius zurück, ebenso wie für den Kohlenstoff und Stickstoff, also für die gewöhnlichen Bestandtheile der organischen Verbindungen. Mit den englischen Chemikern bezog er diese Atomgewichte auf das des Wasserstoffs als Einheit.

Er zeigte dann, wie Berzelius dazu gekommen ist, den meisten organischen Körpern doppelt so grofse Formeln zu geben, als in der Wirklichkeit der Zusammensetzung ihrer Moleküle entspricht. Er erinnerte daran, dafs Berzelius davon ausging, für die Säuren das „Aequivalent," d. h. das Molekular-

---

[1]) Précis de Chimie organique, t. I., p. 49. Deutsch von Ad. Wurtz, Bd. I, p. 54.

gewicht zu bestimmen. Zum Zweck dieser Bestimmung nahm der grofse schwedische Chemiker die Analyse von Salzen, z. B. dem Blei- oder Silbersalz vor. Als Aequivalent einer organischen Säure galt ihm die Quantität der Säure, die sich mit einer Quantität Silberoxyd verbindet, in der 1 Aequivalent Silber enthalten ist. Nun hat Berzelius das Aequivalent des Silbers um das Doppelte zu grofs genommen und demgemäfs mufste das Aequivalent, d. h. das Molekulargewicht der organischen Säuren ebenfalls um das Doppelte zu hoch genommen sein. Dies gilt insbesondere für die einbasischen Säuren wie die Essigsäure und man sieht ohne Weiteres, dafs die Formeln der verschiedensten organischen Verbindungen durch denselben Fehlgriff berührt werden mufsten. So mufste, wenn die Formel der Essigsäure doppelt zu grofs war, auch die des Alkohols und der meisten zu ihr in Beziehung stehenden Verbindungen denselben Fehler zeigen.

Worauf begründete Gerhardt aber seine Annahme, dafs das Atomgewicht des Silbers, wie Berzelius es angenommen, um das Doppelte zu hoch war?

Er liefs sich durch die oft hervorgehobene Analogie zwischen den Protoxyden und dem Wasser leiten. Wenn das Wasser, sagte er, 2 Atome Wasserstoff und 1 Atom Sauerstoff enthält, so mufs das Silberoxyd eine ähnliche Constitution haben. Es mufs auf 1 Atom Sauerstoff 2 Atome Silber enthalten und dieses Atom mufs ein halb so grofses Gewicht haben, als es Berzelius für das Aequivalent des Silbers im Silberoxyd annahm, das nach ihm aus 1 Aequivalent Silber und 1 Aequivalent Sauerstoff bestand. Diese Auffassung ist dann von Gerhardt nicht nur auf die alkalischen Oxyde, sondern schlechthin auf alle Oxyde ausgedehnt worden. Die Atomgewichte der betreffenden Metalle wurden also um die Hälfte verkleinert.

Die Zeichensprache, welcher dies neue System von Atomgewichten zu Grunde gelegt wurde, gab streng vergleichbare Formeln. Gerhardt hat mit Recht darauf hingewiesen, dafs die doppelt so grofsen Formeln der organischen Verbindungen, wie sie Berzelius construirt hatte, mit den Formeln der meisten mineralischen Verbindungen durchaus nicht im Einklang sind. Die Formeln der Essigsäure und des Alkohols, die 4 Dampfvolumen entsprechen, waren nicht mit der des Wassers vergleichbar, die nur 2 Volumen entspricht. Nimmt man aber die ersteren halb so grofs an, so entsprechen sie 2 Volumen Dampf wie die Formel des Wassers. Der Sinn dieser Ausdrucksweise ist klar. Sagt man, ein Molekül Wasser nimmt 2 Volume ein, so bezeichnet man damit eigentlich nur das Verhältnifs zwischen dem Volum dieses Wassermolecüls und dem eines Wasserstoffatoms, von dem man annimmt, es erfülle ein Volum oder die Volumeinheit.

Laurent und Gerhardt haben auf diesen Punkt besonderes Gewicht gelegt. Die Moleküle der zusammengesetzten Körper bestehen aus den Atomen der einfachen Körper, die die Verwandtschaft in Verbindung hält; sie sind an Gröfse und Gewicht verschieden je nach der Zahl und Art der nebeneinanderliegenden Atome. Für jeden zusammengesetzten Körper ist ein Molekül die kleinste Menge desselben, die im freien Zustande bestehen und die bei einer Reaction in die Verbindung eintreten oder daraus ausgeschieden werden kann. Alle Moleküle desselben zusammengesetzten Körpers sind gleich. Die Moleküle der andern Körper unterscheiden sich von ihnen durch die Zahl und Art ihrer Elementaratome, oder um einen allgemeineren Ausdruck zu gebrauchen, durch ihre Gröfse. Da die Gröfse der Moleküle sich nur relativ bestimmen läfst, so ist es nothwendig eine Molekulareinheit zu wählen, auf die man alle Moleküle der zusammengesetzten Körper bezieht, sowie man eine Atomeinheit gewählt hat, das Gewicht des Wasserstoffatoms, um damit alle übrigen zu verglichen. Alle Körper und alle Reactionen müssen nach Gerhardt ein gemeinsames Mafs haben. Nur unter dieser Bedingung lassen sich die relativen Gröfsen ihrer Moleküle in zuverlässiger Weise bestimmen.

Dies gemeinsame Mafs für die Bestimmung der Molekulargröfsen ist das Molekül Wasser. Mit diesem ist es passend die Moleküle aller übrigen Körper zu vergleichen, die ebenfalls als Gase oder Dämpfe 2 Volume einnehmen müssen.

Es ist dies einer der wichtigsten Punkte der Gerhardt'schen Lehre, welche sich auf eine völlig consequente Durchführung der Volumtheorie stützt, indem sie die Molekulargröfse aus dem Volumen, die Molekulargewichte durch Vergleich des Gewichts gleicher Volume im Gas- oder Dampfzustand, d. h. aus den Dichten der Gase oder Dämpfe herleitet.

Diese Auffassungsweise hatte nicht blos für die organischen Verbindungen Geltung. Gerhardt hat sie auf die verschiedensten unorganischen Verbindungen angewandt. So enthält das Molekül des Ammoniaks nicht, wie Berzelius angenommen hatte, 2 Atome Stickstoff und 6 Atome Wasserstoff, so dafs es vier Volume einnimmt. Es besteht vielmehr aus 1 Atom Stickstoff und 3 Atomen Wasserstoff und nimmt nur 2 Volume ein. Ebenso nimmt das Molekül der Chlorwasserstoffsäure, das nur nur aus einem Atom Wasserstoff und einem Atom Chlor besteht, nur 2 Volume ein. Das ist die Quantität, die sich mit einem Molekül Wasser vergleichen läfst, nicht die doppelte Quantität, wie Berzelius angenommen hatte. Die Chlorüre der Metalle stehen den Protoxyden der Metalle in derselben Weise gegenüber, wie die Chlorwasserstoffsäure dem Wasser. Sie enthalten nur ein Atom Chlor auf ein Atom Metall. Aus diesen Betrachtungen ist ein System von Formeln hergeleitet, das sowohl von der Berzelius'schen Schreibweise abweicht, als von der Bezeichnung nach Aequivalenten, die später üblich geworden war. Aber diese neue Art der Formulirung war für eine grofse Zahl von Verbindungen mit der dualistischen Auffassung unvereinbar. Es wird angemessen sein, dies wichtige Ergebnifs näher zu beleuchten.

Im Silbersulfat nimmt Gerhardt 2 Atome Silber an. Die wasserhaltige Schwefelsäure enthält als zweibasisch 2 Atome Wasserstoff, die durch 2 Atome Metall vertreten werden können, oder nach der dualistischen Theorie ein Molekül wasserfreie Schwefelsäure in Verbindung mit einem Molekül Wasser. In den Sulfaten ist dies Molekül Wasser durch ein Molekül

Basis vertreten. Das Silbersulfat enthält also die Elemente der wasserfreien Schwefelsäure, sammt denen des Silberoxyds. Gerhardt nimmt in diesem Oxyd 2 Atome Silber an; diese finden sich im Sulfat wieder und die Formel des letzteren stimmt in Bezug auf die Gröfse des Moleküls mit der dualistischen Formel überein, insofern sie wie diese, obwohl ohne bestimmte Anordnung, alle Bestandtheile enthält, die zur Bildung eines Moleküls wasserfreier Säure und eines Moleküls Oxyd erforderlich sind.

Aber anders verhält es sich mit dem Silberacetat. Die Formel, die Berzelius diesem Salz gegeben hatte, entsprach einer Verbindung von 1 Aequivalent Säure und 1 Aequivalent Oxyd. Die um die Hälfte verkleinerte Formel Gerhardts mit nur 1 Atom Metall, gestattete nicht mehr das Silberacetat als eine Verbindung des Silberoxyds zu betrachten; denn 1 „Aequivalent"[1]) dieses Oxyds enthält nach Gerhardt 2 Atome Silber. Mit andern Worten, das einzelne Atom Silber im Acetat würde um Oxyd zu bilden, nur ein Halbatom Sauerstoff aufnehmen und nur ein Halbäquivalent Silberoxyd bilden, ein Ergebnifs, das an sich unzulässig und mit der dualistischen Theorie der Salze unvereinbar wäre. Für diese Theorie gilt als feststehend, dafs jedes Molekül eines Salzes ein ganzes Aequivalent der Säure und ein ganzes Aequivalent der Basis enthält. Das Gesagte hat in gleicher Weise auf alle Salze einbasischer Säuren Bezug, wie z. B. die Nitrate und die Chlorate. Gerhardt konnte in ihrer Constitution binäre Moleküle, eine Art von Doppelbau nicht mehr anerkennen.

Er fafste die Ansichten, zu denen Dumas und Laurent in Bezug auf organische Verbindungen gelangt waren, allgemeiner und sah demgemäfs in den besprochenen Salzen, wie überhaupt in allen Salzen, allen Säuren und Oxyden der Mineralchemie einheitliche Moleküle, bestehend aus Atomen, von denen einige durch doppelte Zersetzung ausgetauscht werden können.

---

[1]) Gerhardt bediente sich dieses Wort, das hier Molekül bedeutet und von ihm damals in diesem Sinne angewandt wurde.

Der dualistischen Auffassungsweise stellte er also die unitare gegenüber, der Vorstellung von Verbindungen durch Addition der Bestandtheile die andere von Verbindungen, die durch Substitution entstehen. Eine Säure ist ein wasserstoffhaltiger Körper, dessen Wasserstoff leicht durch doppelte Zersetzung gegen eine äquivalente Menge Metall ausgetauscht werden kann. Hierdurch entsteht ein Salz. Was geht vor, wenn Salpetersäure auf Kali wirkt? Das Kaliumatom dieser Basis, des Kaliumhydrats, tritt an die Stelle des Wasserstoffatoms der Salpetersäure: es entsteht Kaliumnitrat und Wasser; denn der Wasserstoff, der aus der Salpetersäure ausgetreten ist, ist nothwendig und reicht gerade aus, um mit den Elementen des Kaliumhydrats, von denen das Kalium ausgeschieden ist, Wasser zu bilden. Es hat also dabei eine doppelte Zersetzung stattgefunden; 2 Moleküle sind in Wechselwirkung getreten: die Salpetersäure und das Kaliumhydrat; 2 neue Moleküle sind dabei entstanden: das Kaliumnitrat und das Wasser. Der Vorgang ist etwas anders, wenn Essigsäure auf Silberoxyd einwirkt. Das letztere enthält 2 Atome Silber und nur 1 Atom Sauerstoff; es müssen also bei der Bildung des Silberacetats 2 Moleküle Essigsäure in Wirkung treten; jedes giebt 1 Atom Wasserstoff an den Sauerstoff des Silberoxyds ab, um Wasser zu bilden, und die beiden Atome Silber, die nun von einander geschieden werden, treten an die Stelle des Wasserstoffs in 2 Molekülen Essigsäure; es entstehen auf diese Weise 2 Moleküle Silberacetat. Aus alle dem ergiebt sich, dafs die Säuren und die Salze dieselbe Constitution haben; die ersteren sind Wasserstoffsalze, die andern Metallsalze.

Das ist die Theorie Gerhardt's über die Bildung und die Constitution der Salze. Man erkennt in ihr die Spuren schon früher von Davy und Dulong ausgesprochener Ansichten, welche wichtig genug sind, um hier in Erinnerung gebracht zu werden.

Im Jahre 1815 veröffentlichte der genannte englische Chemiker eine Abhandlung über die Jodsäure, in der er die Ansicht äufserte: die sauren Eigenschaften dieses Körpers stehen in Beziehung zu seinem Gehalt an Wasserstoff, insofern dieses

Element durch Metalle vertreten werden kann. „Der Wasserstoff," sagte er, „spielt eine wesentliche Rolle in der Constitution und Bildung der Säuren; er verwandelt das Jod in eine Säure, indem er sich mit ihm zu Jodwasserstoffsäure verbindet; er ist es wieder, welcher 1 Aequivalent Jod und 6 Aequivalente Sauerstoff in den Zustand einer Säure überführt, sobald dieselben in der Jodsäure mit 1 Aequivalent Wasserstoff zusammentreten. In der Chlorsäure verhält er sich analog."

In einer Abhandlung über die Chlorate hatte Davy die Thatsache hervorgehoben, daſs das chlorsaure Kali ein neutrales Salz ist und sich, wenn es sämmtlichen Sauerstoff verliert, in ein anderes neutrales Salz, in Kaliumchlorid, verwandelt. Nach seiner Ansicht ist der Sauerstoff im Kaliumchlorat nicht zwischen Chlor und Kalium vertheilt, so daſs eine wasserfreie Säure und ein Oxyd fertig gebildet in ihm vorhanden wären. Das Kaliumchlorat enthält nicht zwei nähere Bestandtheile, sondern vielmehr drei, das Kalium, das Chlor und den Sauerstoff. Diese Elemente sind in dem Salz in der Weise angeordnet, daſs das Kalium in ihm die Stelle einnimmt, an der sich in der Chlorsäure der Wasserstoff befindet.

Dulong hat diese von Davy aufgestellten Ansichten angenommen; er wies ergänzend darauf hin, daſs den Sauerstoffsäuren wie den Wasserstoffsäuren eine binäre Constitution zukomme. Beide enthalten Wasserstoff, nur ist dieser in den ersteren nicht mit einem einfachen Körper, sondern mit einem sauerstoffhaltigen Radical verbunden, das sich wie ein einfacher Körper verhält. Diese Meinung hat Dulong im Jahre 1816 in einer Abhandlung über die Oxalsäure zur Erörterung gebracht. Es ist bekannt, daſs das Silberoxalat bei mäſsiger Erhitzung unter Explosion in Kohlensäure und Metall zerfällt, und daſs alle neutralen und wasserfreien Oxalate ihrer Zusammensetzung nach als eine Verbindung von Kohlensäure mit einem Metall betrachtet werden können. Dulong nahm an, die Oxalsäure sei Kohlensäure in Verbindung mit Wasserstoff, und bei der Bildung der Oxalate vereinige sich dieser Wasserstoff mit dem Sauerstoff der Oxyde zu Wasser und werde durch das Metall vertreten. Er wies darauf hin, dafs diese Betrachtungsweise auf alle sauerstoffhaltigen Säuren anwendbar sei, dieer demnach als eine besondere Art Wasserstoffsäuren auffafste. Während diese einen einfachen stark elektro-negativen Körper in Verbindung mit Wasserstoff enthalten, ist in jenen eine sauerstoffhaltige Gruppe, die die Rolle eines Radicals spielt, mit dem Wasserstoff vereinigt. In seiner wichtigen Abhandlung über die mehrbasischen Säuren hat Liebig dieselbe Auffassungsweise erörtert und darauf aufmerksam gemacht, dafs für die Verwandtschaft der Säuren zu den Oxyden der eigentliche Grund und die Erklärung in der starken Verwandtschaft des Wasserstoffs der Säuren zum Sauerstoff der Oxyde liegen kann, da die Bildung von Wasser stets die Bildung der Salze begleitet. Gerhardt ist also auf Ansichten eingegangen, die schon vor ihm ausgesprochen waren, aber er hat sie sich zu eigen gemacht, nicht nur durch Veränderungen, die er in der Bezeichnungsweise einführte, sondern auch durch die Art seiner Definitionen und seiner unitaren Formeln. Ein Salz ist nicht mehr eine binäre Verbindung, die auf der einen Seite ein sauerstoffhaltiges Radical, auf der andern ein Metall enthält; es ist ein Ganzes, es ist eine einheitliche Zusammenlagerung verschiedener Atome, von denen ein oder mehrere Metallatome gegen andere Metallatome oder gegen Wasserstoff ausgetauscht werden können.

Wie diese Atome im Molekül des Salzes geordnet sind — diese Frage läfst Gerhardt unerörtert, da er nicht glaubt, dafs man sie lösen kann. „Man nimmt an," sagt er, „dafs die Salze die Bestandtheile einer Säure und eines Oxyds fertig gebildet enthalten und gründet diese Meinung auf die Thatsache, dafs viele Salze durch directe Vereinigung einer wasserfreien Säure mit einem Oxyd entstehen. Der Beweis ist hinfällig, denn nichts beweist uns, dafs die Anordnung der Atome, so wie sie in den Bestandtheilen, die sich vereinigen, vorhanden ist, auch bestehen bleibt, nachdem die Verbindung stattgefunden. Es ist das eine blofse Hypothese." Nach Gerhardt ist die Anordnung der Atome in einer complicirten Verbindung dem

Versuch unzugänglich und durch Schlüsse nicht zu ergründen. Es sei darum ein eitles Unternehmen, die Constitution der Körper bestimmen zu wollen; Alles, was man versuchen könne, sei, sie nach ihrem Verhalten und ihren Metamorphosen zu klassificiren. Um die letzteren in correcter Weise wiederzugeben, reiche es hin, die Zusammensetzung der Körper durch unitare Formeln auszudrücken, die sich streng vergleichen lassen und eine genaue Vorstellung von ihrer Molekulargröfse geben. Die Bewegung der Atome, welche die Metamorphosen der Körper bestimmt, kann dann durch Gleichungen wiedergegeben werden, in denen solche Formeln zur Anwendung kommen.

Ohne die Dienste zu verkennen, die die rationellen Formeln leisten können, weist Gerhardt ihre Unzulänglichkeit nach und verwirft sie. Nach seiner Meinung sind solche Formeln nur der Ausdruck von Reactionen, aber keineswegs von der Anordnung der Atome. Eine und dieselbe Substanz kann verschiedenen Metamorphosen unterliegen; daraus folge, dafs man ihr mehrere rationelle Formeln zutheilen könne. Das geschehe in der That nicht selten, namentlich beim Alkohol, für den man sechs oder sieben verschiedene Formeln vorgeschlagen hat; ein jeder Forscher bemühe sich, durch verschiedene Reactionen die von ihm aufgestellte, die er für die beste hält, als solche zu erweisen, als ob man die geringste Vorstellung von der Lagerung der Atome dadurch geben könne, dafs man auf dem Papier das eine oder das andere Symbol etwas mehr nach rechts rückte.[1]) Für Gerhardt sind demnach die rationellen Formeln nur Hypothesen, und er spricht sich energisch gegen den Mifsbrauch aus, den Berzelius mit ihnen in der organischen Chemie getrieben hat. Jene verwickelten Ausdrücke, in denen eine Unzahl hypothetische Radicale mit Sauerstoff oder Chlor nach der elektro-chemischen Regel verbunden sind, erscheinen ihm jeder Begründung und jeder Wahrscheinlichkeit bar. „So zeigt uns doch ein einziges jener Radicale!" rief er aus, indem er aufs Entschiedenste die

---

[1]) Précis de chimie organique, t. I, p. 12. Deutsche Ausgabe I, S. 14.

Möglichkeit ihres Bestehens leugnet. In seinem Eifer ging er sogar so weit, dem Cyan und dem Kakodyl den Charakter zusammengesetzter Radicale zu bestreiten. Diesen Ansichten gemäfs wählte er dann auch seine Nomenclatur. Der Körper, der aus der Einwirkung des Chlors auf das Bittermandelöl hervorgeht, ist nicht Benzoylchlorid, sondern gechlortes Benzoilol, ein Name, der wie die unitare Formel ausschliefslich an die Beziehungen zwischen der Zusammensetzung der gechlorten Verbindung und der des Bittermandelöls oder Benzoilols erinnern soll, von dem sie durch Substitution abstammt.

So nimmt Gerhardt in dieser ersten Periode seiner wissenschaftlichen Thätigkeit weder rationelle Formeln noch Radicale an, sofern das letztere Wort im Sinne von Atomgruppen genommen wird, die eine selbständige Existenz und die Fähigkeit besitzen, unmittelbar in Verbindungen einzutreten. Aber der Urheber der unitaren Anschauungsweise sah zu klar, um nicht zu bemerken, dafs in zahlreichen Reactionen, durch die zusammengesetzte Körper ein oder das andere Element verloren haben, die Reste, gewissermafsen die Ueberbleibsel des Moleküls, in Verbindung treten können. Er nannte das „Substitution durch Rückstände" *(substitution par résidus)*. Diese Auffassung war durch Laurent zur Geltung gebracht worden (S. 70); Gerhardt machte sie sich zu eigen. Später gelangte sie zu consequenter Ausführung und wurde gewissermafsen das Verbindungsglied zwischen der Substitutionstheorie und der Radicaltheorie, die auf diese Weise fortgebildet und verjüngt wurde. Die Reste, wie Gerhardt sie annahm, sind in der That nur die Radicale im neuern Sinne des Worts.

Aber im Jahr 1842 war Gerhardt noch nicht auf diesen Standpunkt gelangt. Im Eifer des Widerspruchs gegen die damals herrschenden Theorien und in der Zuversicht auf seine eigenen Ansichten entging er der Gefahr nicht, die Consequenz zu weit zu treiben. In seinem „Grundrifs der organischen Chemie", in welchem wir den ersten Entwurf seiner Anschauungen und das erste Zeugnifs seiner Originalität finden, legte er ausschliefslich die empirischen Formeln seiner neuen Klassification zu Grunde. Er ordnete alle Körper in aufsteigender Reihe nach der Zahl der Kohlenstoffatome, die ihr Molekül enthält, indem die einfachsten Verbindungen die unterste, die complicirtesten die höchste Stufe dieser unermefslichen Stufenleiter bilden. Er nannte sie Verbrennungsleiter *(échelle de combustion)*, weil die Oxydationsvorgänge durch Wegnahme von einem oder mehreren Kohlenstoffatomen die Stellung der Körper in der Reihe um eine oder mehrere Stufen erniedrigen.

Dies Klassificationsprincip ist vortrefflich, aber es ist bei diesem ersten Versuch zu ausschliefslich in Anwendung gebracht worden. Durch die alleinige Rücksichtnahme auf die empirischen Formeln ist Gerhardt zu unpassenden Zusammenstellungen gekommen. Dem Aethylacetat zur Seite steht die Buttersäure. Die Bernsteinsäure, die Aethyloxalsäure und das Methyloxalat folgen auf einander, und die Adipinsäure schliefst sich unmittelbar dem Oxalsäureäther an.

So hat eine zu streng durchgeführte Ordnung eine gewisse Verwirrung hervorgerufen, die Gerhardt später zu vermeiden wufste. Aber dafs er sich gewöhnte, die Körper nach ihrer Zusammensetzung zu gruppiren und ihre empirischen Formeln zu vergleichen, ist nichtsdestoweniger von Bedeutung gewesen. Wir verdanken diesem Verfahren die Einführung eines neuen und fruchtbaren Begriffs in die Wissenschaft, des Begriffs der **homologen Reihe**.

Ein deutscher Chemiker, Schiel, hatte zuerst auf die Beziehungen hingewiesen, die in der Zusammensetzung der Alkohole stattfinden. Nach ihm hatte Dumas die Reihe der Fettsäuren zusammengestellt, die mit der einfachsten organischen Säure, der Ameisensäure, anfängt und in regelmäfsiger Stufenfolge bis zu den Säuren von complicirter Zusammensetzung aufsteigt, die man aus dem Talg und dem Wachs gewinnt. Gerhardt führte den Gedanken weiter aus und bewährte seine Tragweite durch neue Beispiele. In diesen Reihen, die er homologe nannte, sind die Körper nach der regelmäfsigen Zunahme des Gehalts an Kohlenstoff- und Wasserstoffatomen geordnet, da die andern Atome unverändert bleiben und jedes Glied von dem unmittelbar vorausgehenden oder folgenden durch den Mehr- oder Mindergehalt an CH^2 verschieden ist. Gerhardt fügt hinzu, dafs die Homologie nicht allein in den Beziehungen der Zusammensetzung beruht, sondern auch in der Aehnlichkeit der chemischen Functionen. So hat er den Begriff festgestellt und das Wort geschaffen. Durch seine Bemühungen ist die Lehre von den Homologen eine der festesten Grundlagen für die Klassification der organischen Substanzen geworden.

Die Arbeiten, die wir mit breiten Strichen zu skizziren versucht, haben in der Wissenschaft tiefe Spuren hinterlassen und bilden zum grofsen Theil die Grundlage unserer heutigen Ansichten. Ein neues Atomgewichtssystem, auf consequente Durchführung der Volumtheorie und Berücksichtigung der Analogien begründet, eine Bezeichnungsweise, in der alle Formeln und alle Reactionen durch genauere Bestimmung der relativen Gröfsen der Moleküle vergleichbar werden, die Auffassung der chemischen Verbindung als Aneinanderlagerung von Atomen zu einem einzigen Ganzen, das durch Austausch eines Elements gegen ein anderes Umgestaltungen erleiden kann: das sind die Hauptzüge einer Theorie, die bereits zusammenhielt und sich zu bewähren begann. Aber zwischen den ersten Bestätigungen und dem schliefslichen Triumph mufste ein langer Zeitraum verfliefsen und die Theorie selbst wesentliche Umgestaltungen erleiden.

III.

Berzelius war nicht mehr. Die Substitutionstheorie hatte den Sieg davongetragen; aber die Ausführungen, zu denen Laurent und Gerhardt sie verwerthet hatten, trafen auf lebhaften Widerspruch. Die Anhänger der Radicaltheorie hatten zwar die Thatsache der Substitutionen angenommen, aber sie verharrten in feindlicher Stellung. Der Dualismus stand noch immer der unitaren Anschauung gegenüber. Allerdings war diese in den Händen Laurent's und Gerhardt's ein wirksameres Mittel zur Beseitigung von Irrthümern als zur Förderung grofser

Entdeckungen gewesen. Die Theorie blühte, aber mit dem Experiment ging es etwas langsam voran. In den Erfahrungswissenschaften gelangt jedoch eine neue Theorie nicht durch die Kritik allein zur Geltung. Um den Sieg davonzutragen, bedarf sie des Glorienscheins neuer Entdeckungen. Diese Weihe ist auch in diesem Fall nicht ausgeblieben. Vom Jahre 1849 an wurden in rascher Folge mehrere Arbeiten bekannt, die das Interesse der Chemiker lebhaft in Anspruch genommen und Gerhardt selbst in neue Bahnen geleitet haben. Es handelt sich um die Entdeckung der zusammengesetzten Ammoniake durch Wurtz und um Williamson's Darstellung der gemischten Aether.

Diese Forschungen haben eine Versöhnung der Radicaltheorie mit der Substitutionstheorie herbeigeführt. Die Lehren, die sich bis dahin gegenüberstanden, wurden in eine neue Theorie, die der Typen, verschmolzen. Um aber den Ausgangspunkt und die Tragweite dieser Theorie ins rechte Licht zu setzen, müssen wir etwas weiter zurückgehen.

Im Jahre 1839 hatte Dumas die Chloressigsäure entdeckt. Diese Säure entsteht aus der Essigsäure durch Substitution von 3 Aequivalenten Chlor für 3 Aequivalente Wasserstoff, während alle übrigen Elemente dieselben bleiben. Merkwürdigerweise wird aber durch diese Einführung von Chlor in das Molekül in den Grundeigenschaften der Essigsäure keine wesentliche Veränderung hervorgerufen. Ihr Chlorderivat ist wie sie eine basische Säure und kann unter dem Einflusse gewisser Reagentien analoge Zersetzungen erleiden. Diese Thatsachen fügen sich nach Dumas' Ansicht nur einer Erklärung: wenn das Chlor für den Wasserstoff in der Essigsäure substituirt wird, so nimmt es die Stelle dieses Elements ein und spielt in der neuen Verbindung dieselbe Rolle. Er drückte das mit den Worten aus: die Essigsäure und die Chloressigsäure gehören demselben chemischen Typus an. Er nahm überdies an, daſs die Eigenschaften einer Verbindung weniger von der Natur der Atome abhängen, aus denen sie besteht, als von ihrer Gruppirung und Lagerung im Molekül.

Diese Ansichten stehen mit denen, die Laurent selbst aufgestellt hatte, in Einklang; sie traten aber mit mehr Gewicht auf, da ihnen neue wichtige Thatsachen zu Grunde lagen. Ueberdies ist der Gedanke einer Erhaltung des Typus nach der Substitution eines Elements für ein anderes von Dumas klarer ausgesprochen, als es Laurent in seiner Kerntheorie gethan hatte.

Dumas ordnete also unter denselben „chemischen Typus" alle Körper, die dieselbe Zahl von „Aequivalenten" in gleicher Weise gruppirt enthalten und aufserdem dieselben Grundeigenschaften besitzen. Er bemerkte aber auch, dafs diese Eigenschaften in Folge der Substitutionen eine Veränderung erleiden können.

Körper, welche die gleiche Zahl von Aequivalenten enthalten, aber in ihren Grundeigenschaften verschieden sind, können in denselben mechanischen Typus zusammengefafst werden. Die Gerechtigkeit erfordert, nicht unerwähnt zu lassen, dafs Regnault in seinen bedeutenden Arbeiten über die Wirkung des Chlors auf das Oel der holländischen Chemiker und den Chlorwasserstoffäther bereits die Erhaltung der Atomlagerung bei diesen Substitutionen hervorgehoben hatte.

Auf diese Weise ist der Begriff der Typen in die Wissenschaft eingeführt worden; aber in dieser ersten Form war er keiner grofsen Entwicklung fähig. Er gewährte nur einen eleganten und treffenden Ausdruck für die Beziehungen, die bei Substitutionen zwischen einer gegebenen Verbindung und ihren Derivaten stattfinden, und er liefs soviel Typen zu, als Verbindungen bestehen, die einer Veränderung durch Substitution fähig sind, ohne zwischen diesen Typen ein Band herzustellen. Er war also sinnreich und wahr, schien jedoch nicht dazu berufen, zur Grundlage einer allgemeinen Theorie zu werden; das ist er erst infolge weiterer Umgestaltungen geworden.

Seit langer Zeit war den Chemikern aufgefallen, dafs die natürlich vorkommenden Alkaloïde sämmtlich Stickstoff enthalten und bei der trockenen Destillation Ammoniak geben.

Sie vermutheten demgemäſs das Bestehen wichtiger Beziehungen zwischen dem „flüchtigen Alkali" und den organischen Alkalien. Berzelius hatte angenommen, die letzteren verdanken ihre alkalischen Eigenschaften fertig gebildetem, mit ihren Elementen innig verbundenem Ammoniak. Später hat die groſse Entdeckung der Amide, die wir Dumas verdanken, eine andere Betrachtungsweise veranlaſst. Man kam auf den Gedanken, die Alkaloide enthalten als gemeinsamen Bestandtheil den amidbildenden Stoff, das sogenannte Amidogen, d. h. Ammoniak weniger 1 Atom Wasserstoff.

Diese wichtige Frage nach der Constitution der organischen Basen ist durch die Entdeckung einer Klasse von Körpern zur Entscheidung gebracht, die, was Zusammensetzung und Eigenschaften betrifft, die auffallendsten Beziehungen zum Ammoniak, dasselbe Streben, sich mit Säuren zu verbinden, dieselbe kaustische Wirkung, dieselbe Löslichkeit in Wasser, denselben Geruch zeigen. Der Verfasser dieser Schrift hat in seiner Mittheilung über das Bestehen der „zusammengesetzten Ammoniake" die Meinung geäuſsert: man könne dieselben entweder als Aether betrachten, in welchem der Sauerstoff durch Amidogen ersetzt, oder als Ammoniak, in welchem 1 Aequivalent Wasserstoff durch 1 Aequivalent eines Alkoholradicals vertreten wird.[1]) Der Gedanke einer Vergleichung mit dem Ammoniak als Typus war also in dieser ersten Mittheilung zur Sprache gebracht und drängte sich in der That durch die überraschende Analogie der Eigenschaften dem Geiste auf. Einige Monate später hat Hofmann, infolge seiner glänzenden Entdeckung des Diäthylamin und des Triäthylamin, die typische Auffassung schärfer betont und sie siegreich zur Geltung gebracht, indem er alle diese Basen als Ammoniak betrachtete, in dem 1, 2 oder 3 Atome Wasserstoff durch 1, 2 oder 3 Alkohol-Gruppen oder -Radicale vertreten sind.[2])

---

[1]) Comptes rendus, t. XXVIII, p. 224. Febr. 1849.

[2]) Die folgenden Formeln weisen die Beziehungen der Zusammensetzung des Ammoniaks zu den äthylirten Ammoniaken nach:

So war der Typus Ammoniak geschaffen; denn es war leicht, auf die übrigen Alkaloïde und besonders auf die flüchtigen Basen, die man bereits auf synthetischem Wege herstellen konnte, die Betrachtungsweise auszudehnen, die so gut für die Aethylbasen pafste. Wir bemerken ferner, dafs sich hiemit die Substitutionstheorie der Radicale bemächtigte. Das Aethylamin ist nicht mehr eine binäre Verbindung von Aethyl und Amidogen, es ist Aether, dessen Sauerstoff durch Amidogen vertreten ist, oder Ammoniak, in dem das Radical Aethyl für den Wasserstoff substituirt worden ist. Hier ist das Wort Radical in dem Sinne einer Atomgruppe genommen, die sich durch Substitution mit andern Atomen zu verbinden vermag. Es handelt sich nicht mehr um ganz isolirte Radicale, die, so wie sie sind, durch einfache Addition binäre Verbindungen zu bilden vermögen, die, kurz gesagt, das Verhalten einfacher Körper annehmen; es sind vielmehr die „Rückstände" Gerhardt's, die unverändert aus einer Verbindung in die andere übergehen. Aber sie verlieren sich nicht in der Masse der Elemente; sie bewahren im Molekül einen bestimmten Platz und eine gesonderte Individualität, die durch die Formel selbst bezeichnet wird. Die Formel ist nicht mehr ein einheitlicher Ausdruck. Sie ist eine rationelle Formel, die die Beziehungen zwischen der Zusammensetzung der neuen Basen und der des Ammoniaks deutlich anzeigt. So kommen in dem Augenblick, wo die Radicaltheorie und die Substitutionstheorie zur Typentheorie verschmelzen, die rationellen Formeln als ein Mittel, die Verwandtschaftsverhältnisse der Körper zu bezeichnen, von neuem zu Ehren.

Hiemit war ein neuer Impuls gegeben, und eine neue Entdeckung sollte bald die Bewegung beschleunigen. Im Jahre 1851 veröffentlichte Williamson seine schönen Untersuchungen

$$N \begin{cases} H \\ H \\ H \end{cases} \quad N \begin{cases} C^2H^5 \\ H \\ H \end{cases} \quad N \begin{cases} C^2H^5 \\ C^2H^5 \\ H \end{cases} \quad N \begin{cases} C^2H^5 \\ C^2H^5 \\ C^2H^5 \end{cases}$$

Ammoniak. Aethylamin. Diäthylamin. Triäthylamin.

über die Aetherbildung und über das Bestehen gemischter Aether, und diese Untersuchungen haben den Typus Wasser in die Wissenschaft eingeführt.

Laurent hatte bereits das wasserfreie Kaliumoxyd und das kaustische Kali mit dem Wasser verglichen. Er hatte durch abgekürzte und sinnreiche Formeln die Beziehungen zwischen der Zusammensetzung des Alkohols und des Aethers veranschaulicht. Seine Ansichten sind von einem amerikanischen Chemiker, Sterry Hunt, in talentvoller Weise weiter ausgeführt worden.

Williamson ging weiter: er verglich mit dem Wasser nicht nur den Alkohol und die Aether, sondern auch die Säuren, die Oxyde und die Salze der Mineralchemie. Das Wasser besteht aus 1 Atom Sauerstoff und 2 Atomen Wasserstoff; die letzteren kann man sowol durch die Atome anderer einfacher Körper als auch durch Gruppen, die die Rolle von Radicalen spielen, ersetzen. Ersetzt man in 1 Molekül Wasser 1 Atom Wasserstoff durch die Gruppe Aethyl, so hat man Alkohol; wird auch das zweite Atom Wasserstoff durch Aethyl ersetzt, so erhält man Aether. Das Aetzkali ist als Wasser zu betrachten, in welchem 1 Atom Wasserstoff durch Kalium vertreten ist; ersetzt man das andere Atom Wasserstoff durch ein Säure-Radical, so geht aus dieser zweifachen Substitution ein Salz hervor. Das Kalium-Acetat ist von 1 Molekül Wasser abzuleiten, in welchem 1 Atom Kalium für 1 Atom Wasserstoff substituirt ist, während an die Stelle des zweiten Atoms Wasserstoff das Radical Acetyl tritt. Williamson hat sogar das Bestehen eines Körpers vorausgesehen, der durch Substitution von 2 Gruppen Acetyl für 2 Atome Wasserstoff aus dem Wasser entsteht und sich zur Essigsäure verhält, wie der Aether zum Alkohol. Es ist das Essigsäureanhydrid, das später von Gerhardt entdeckt wurde.[1)]

[1)] Die folgenden Formeln veranschaulichen die Ansichten Williamson's über die Constitution der Säuren, der Oxyde und der Salze, bezogen auf die des Wassers:

Alle diese Körper gehören zu demselben Typus. Sie enthalten alle 1 Atom Sauerstoff und zwei andere einfache oder zusammengesetzte Bestandtheile, die den 2 Atomen Wasserstoff im Wasser entsprechen. Bei allen Substitutionen, die das Molekül erleiden kann, bleibt gewissermaßen sein Skelett dasselbe; es behält die verhältnißmäßig einfache Structur von einem Molekül Wasser.

Das sind die Ansichten, die Williamson zur Geltung brachte. Zur Zeit, wo Gerhardt sich veranlaßt sah, sie zu den seinigen zu machen, war also der Typus Wasser sowol wie der Typus Ammoniak vollständig vorhanden. Gerhardt brachte einen Gedanken zur Reife, der schon vor ihm seine Triebe entfaltet hatte; er fügte jenen beiden Typen den Typus Wasserstoff und den Typus Chlorwasserstoff hinzu. Außerdem gab er dem Typus Wasser eine erweiterte Bedeutung durch seine schöne Entdeckung der organischen Säureanhydride.

Er hatte früher das Bestehen von Anhydriden einbasischer Säuren bestritten und ein eigenthümliches Zusammentreffen wollte, daß er selbst dieselben entdeckte. Als er das Chlorid des Acetyls auf Natriumacetat einwirken ließ, erhielt er jenes Essigsäureanhydrid, dessen Bestehen Williamson vorausgesagt hatte. Dieser Körper enthält 2 Gruppen Acetyl in Verbindung mit nur 1 Atom Sauerstoff, wie das Wasser 2 Atome Wasserstoff in Verbindung mit nur 1 Atom Sauerstoff enthält. Die zwei Gruppen Acetyl oder Radicale der Essigsäure spielen im Essigsäureanhydrid die Rolle eines einfachen Körpers und nehmen in ihm in gewisser Weise die Stelle ein, welche die 2 Atome Wasserstoff im Wassermolekül einnehmen. So wurde

$\left.\begin{array}{l}H\\H\end{array}\right\}O$ Wasser. $\qquad$ $\left.\begin{array}{l}H\\H\end{array}\right\}O$ Wasser. $\qquad$ $\left.\begin{array}{l}H\\H\end{array}\right\}O$ Wasser.

$\left.\begin{array}{l}H\\K\end{array}\right\}O$ Kalium-hydrat. $\qquad$ $\left.\begin{array}{l}(C^2H^5)\\H\end{array}\right\}O$ Alkohol. $\qquad$ $\left.\begin{array}{l}(C^2H^3O)\\H\end{array}\right\}O$ Essigsäure.

$\left.\begin{array}{l}K\\K\end{array}\right\}O$ Kalium-oxyd. $\qquad$ $\left.\begin{array}{l}(C^2H^5)\\(C^2H^5)\end{array}\right\}O$ Aether. $\qquad$ $\left.\begin{array}{l}(C^2H^3O)\\K\end{array}\right\}O$ Kalium-acetat.

$\left.\begin{array}{l}(NO_2)\\K\end{array}\right\}O$ Kalium-nitrat. $\qquad$ $\left.\begin{array}{l}(C^2H^5)\\(C^2H^3O)\end{array}\right\}O$ Essigäther. $\qquad$ $\left.\begin{array}{l}(C^2H^3O)\\(C^2H^3O)\end{array}\right\}O$ Essigsäure-anhydrid.

der Typus Wasser, der von Williamson eingeführt war, durch Gerhardt erweitert.

Gerhardt verallgemeinerte die typische Auffassung. Mit Laurent betrachtete er das Wasserstoffmolekül als aus 2 Atomen bestehend. Im freien Zustand, sagte er, hat man in dem Gas das Wasserstoffhydrid, das freie Chlor ist Chlorchlorid, das freie Cyan Cyancyanid. Und weil die Oxyde eine Consitution haben, welche der des Wassers analog ist, so sind die Moleküle der Metalle denen des Wasserstoffs vergleichbar: sie bestehen aus 2 Atomen. Der Typus Wasserstoff umfaſst also alle Metalle. In der organischen Chemie kommt vielen Verbindungen dieselbe Constitution zu. Ihr Molekül ist doppelt, d. h. es besteht aus zwei gesonderten Bestandtheilen, die entweder einfach oder zusammengesetzt und je 1 Atom Wasserstoff äquivalent sind.

Gerhardt reihte so in den Typus Wasserstoff die Aldehyde, die Acetone und eine groſse Zahl von Kohlenwasserstoffen ein, unter andern die Alkoholradicale Aethyl, Methyl u. s. w., die von Kolbe und Frankland entdeckt waren und zu so lebhaften Discussionen Veranlassung gegeben hatten. Merkwürdigerweise hatten die Anhänger des Dualismus sie als Einzelgruppen betrachtet, und der Vertreter der unitaren Auffassung zeigte, daſs sie aus der Vereinigung zweier Alkoholradicale hervorgehen und eine binäre Constitution, eine Doppelformel besitzen.

Der Typus Chlorwasserstoffsäure umfaſste die mineralischen und organischen Chloride, Bromide und Jodide. Streng genommen fiel er mit dem Typus Wasserstoff zusammen.

Die neue Betrachtungsweise gelangte bald durch eine wichtige Wahrnehmung zu weiterer Entwicklung. Die flüchtigen organischen Basen bildeten für sich allein den Typus Ammoniak. Gerhardt ordnete alle Amide demselben Typus unter. Das Acetamid hat nach seiner Ansicht dieselbe Constitution wie das Aethylamin: es unterscheidet sich von diesem nur durch den Sauerstoffgehalt seines Radicals. Wenn das Aethyl ein neutrales Radical ist, so ist das Acetyl ein saures

Radical, weil es Sauerstoff enthält. Wie das Aethyl kann es für den Wasserstoff des Ammoniaks substituirt werden; aber der Körper, der infolge dieser Substitution entsteht, ist neutral, weil die basischen Eigenschaften des Ammoniaks durch die Einführung eines Säureradicals in sein Molekül neutralisirt wird.

So können also Körper, deren Molekular-Constitution durchaus ähnlich ist, die also zu demselben Typus gehören, je nach der Natur der Elemente, die einen bestimmten Platz in dem Molekül einnehmen, in ihren Eigenschaften wesentlich von einander abweichen. Mit dieser wichtigen Erkenntnifs findet eine Umkehr zu Ansichten statt, die man anfangs bekämpft hatte, als man der Lagerung der Atome einen entscheidenden Einflufs auf das Verhalten der Körper zuschrieb.

Um in anschaulicher Weise diesen Einflufs der Natur der Bestandtheile auf die Eigenschaften von Körpern gleicher Constitution wiederzugeben, kann man nach Gerhardt's Vorgang alle Körper, die demselben Typus angehören, in eine horizontale Reihe ordnen, in der die basischen Körper die äufserste Stellung zur Linken, die neutralen die Mitte, die Säuren die äufserste Stellung rechts einnehmen. Als Beispiel mag der Typus Wasser dienen. Das Kali als starke Base steht auf der linken Seite, die Salpetersäure und die Essigsäure auf der rechten, das Wasser und der Alkohol in der Mitte. Warum sind nun die Körper zur Linken stark basisch? Weil sie ein Atom eines stark electro-positiven Metalls, wie das Kalium, enthalten.

Die Körper in der Mitte sind neutral, weil sie indifferente Elemente oder Radicale enthalten; und die Körper, die zur Rechten stehen, sind sauer wegen der Natur ihrer sauerstoffhaltigen Radicale.

Nach der Typentheorie ist der Alkohol Wasser, in welchem 1 Atom Wasserstoff durch die Kohlenwasserstoffgruppe Aethyl vertreten wird; diese Gruppe ist basisch, aber ihr basisches Vermögen ist kaum stärker als das des Wasserstoffs: daher ist der Alkohol eine neutrale Flüssigkeit wie das Wasser selbst. Sobald aber 1 Atom Sauerstoff in das Molekül des Alkohols eintritt und im Radical Aethyl 2 Atome Wasserstoff vertritt, muſs das durch Substitution so veränderte Radical einen sauren Charakter annehmen und denselben dem ganzen Molekül mittheilen. Durch diese Substitution ist in der Gruppirung des Moleküls nichts geändert. Die beiden Körper haben dieselbe Constitution, der eine ist Aethylhydrat, der andere Acetylhydrat. Aber während der Alkohol neutral ist, ist die Essigsäure, die aus seiner Oxydation hervorgeht, eine kräftige Säure. Solchen Einfluſs übt die Natur der Atome auf die Eigenschaften der bezüglich der Lagerung ihrer Atome ähnlichen Körper aus.[1])

Dieser Einfluſs tritt am augenscheinlichsten bei den Körpern hervor, die dem Typus Ammoniak angehören. Das Ammoniak ist ein stark basischer Körper. Wird in seinem aus Stickstoff und Wasserstoff bestehenden Molekül der Wasserstoff durch neutrale Kohlenwasserstoffgruppen wie das Methyl oder das Aethyl vertreten, so bleibt die basische Natur desselben erhalten. Bekanntlich sind die zusammengesetzten Ammoniake, die aus einer derartigen Substitution hervorgehen, ebenso kräftige Basen wie das Ammoniak selbst. Aber der Wasserstoff

---

[1]) Durch folgende Zusammenstellung wird diese Meinung noch anschaulicher werden:

Aeuſserste Glieder links (positive).		Mittelglieder.		Aeuſserste Glieder rechts (negative).	
$\left.\begin{array}{l}K \\ H\end{array}\right\} O$	Kalium- hydrat.	$\left.\begin{array}{l}H \\ H\end{array}\right\} O$	Wasserstoff- hydrat (Wasser).	$\left.\begin{array}{l}Cl \\ H\end{array}\right\} O$	Chlorhydrat (unterchlo- rige Säure).
$\left.\begin{array}{l}Na \\ H\end{array}\right\} O$	Natrium- hydrat.	$\left.\begin{array}{l}C^2H^5 \\ H\end{array}\right\} O$	Aethyl- hydrat (Alkohol).	$\left.\begin{array}{l}C^2H^3O \\ H\end{array}\right\} O$	Acetylhydrat (Essigsäure).

In einer Uebersicht, die Gerhardt 1852 veröffentlichte und in der Abhandlung über die wasserfreien organischen Säuren wieder abdrucken lieſs, hatte er den Sauerstoff in die äuſserste Stellung links oder unter die positiven Glieder geordnet. Um ihrer historischen Bedeutung willen glauben wir diese Uebersicht hier wiedergeben zu müssen.

des letzteren kann auch ganz oder theilweise durch ein elektronegatives Element, wie das Chlor oder das Brom, oder auch durch ein Säureradical vertreten werden, und die so gebildeten Ammoniakderivate sind entweder neutral oder sogar sauer.

Das Anilin z. B. ist eine starke Basis, das Trichloranilin

	Aeufserste Glieder links (positive).	Mittelglieder.	Aeufserste Glieder rechts (negative).
Typus Wasser $\begin{matrix}H\\H\end{matrix}\}O$	$\begin{matrix}C^2H^5\\H\end{matrix}\}O$ Alkohol $\begin{matrix}C^2H^5\\C^2H^5\end{matrix}\}O$ Aether. $\begin{matrix}CH^3\\C^2H^5\end{matrix}\}O$ Aethyl-Methyl-Aether.	. . . . $\begin{matrix}C^2H^5\\C^2H^3O\end{matrix}\}O$ Essig-äther.	$\begin{matrix}C^2H^3O\\H\end{matrix}\}O$ Essigsäure. $\begin{matrix}C^2H^3O\\C^2H^3O\end{matrix}\}O$ Essigsäure-Anhydrid. $\begin{matrix}C^2H^3O\\C^7H^3O\end{matrix}\}O$ Essigsaures Benzoyl.
Typus Wasserstoff $\begin{matrix}H\\H\end{matrix}\}$	$\begin{matrix}C^2H^5\\H\end{matrix}\}$ Aethylhydrür. $\begin{matrix}C^2H^5\\C^2H^5\end{matrix}\}$ Aethyl.	. . . . $\begin{matrix}CH^3\\C^2H^3O\end{matrix}\}$ Aceton.	$\begin{matrix}C^2H^3O\\H\end{matrix}\}$ Aldehyd. $\begin{matrix}C^2H^3O\\C^2H^3O\end{matrix}\}$ Acetyl. . . . .
Typus Chlorwasserstoffsäure $\begin{matrix}H\\Cl\end{matrix}\}$	$\begin{matrix}C^2H^5\\Cl\end{matrix}\}$ Chlorwasserstoffäther.	. . . . . .	$\begin{matrix}C^2H^3O\\Cl\end{matrix}\}$ Acetylchlorür.
Typus Ammoniak $\begin{matrix}H\\H\\H\end{matrix}\}N$	$\begin{matrix}C^2H^5\\H\\H\end{matrix}\}N$ Aethylamin. $\begin{matrix}C^2H^5\\C^2H^5\\H\end{matrix}\}N$ Diäthylamin. $\begin{matrix}C^2H^5\\C^2H^5\\C^2H^5\end{matrix}\}N$ Triäthylamin.	. . . .	$\begin{matrix}C^2H^3O\\H\\H\end{matrix}\}N$ Acetamid. . . . .

oder dreifachgechlorte Anilin ist nach Hofmann ein neutraler Körper, d. h. aufser Stande, sich mit Säuren zu verbinden. Ebenso geht, wie wir oben gezeigt haben, der basische Charakter des Ammoniak-Moleküls im Acetamid durch die saure Natur des sauerstoffhaltigen Radicals verloren, das für den Wasserstoff in ihm substituirt ist.

Die meisten Amide sind neutral wie das Acetamid; doch kennt man eine kleine Anzahl, die sich wie Säuren verhalten. In einer seiner trefflichsten Abhandlungen hat Gerhardt Amide beschrieben, die durch Substitution zweier sauerstoffhaltiger Radicale für 2 Atome Wasserstoff im Ammoniak entstehen und infolge des überwiegenden Einflusses dieser sauerstoffhaltigen Gruppen den Charakter des Ammoniak-Moleküls so weit verloren haben, dafs sie nicht mit Säuren, sondern mit Basen Salze bilden.[1]

Die vorstehenden Ausführungen enthalten die Antwort auf einen Einwurf, den man gegen die Typentheorie erhoben hat.

Lavoisier, so warf man ein, legte hohes Gewicht auf die Fundamentalunterschiede zwischen den Säuren, Oxyden und Salzen. Ist es erlaubt, sie durcheinander zu mengen, wie die Typentheorie es thut? Sollten das kaustische Kali und unterchlorige Säure, die in ihren Eigenschaften so wenig gemein haben, in dieselbe Form passen und, was noch mehr

---

[1] Gerhardt und Chiozza beschreiben in ihrer Abhandlung über die Amide (Comptes rendus, t. XXXVII, p. 86) primäre, secundäre und tertiäre Amide, die durch Substitution von 1, 2 oder 3 Säureradicalen für 1, 2 oder 3 Atome Wasserstoff des Ammoniaks entstehen.

Primäres Amid.	Secundäres Amid.	Tertiäres Amid.
$\left.\begin{array}{l} C^7H^5O \\ H \\ H \end{array}\right\} N$	$\left.\begin{array}{l} C^7H^5O \\ C^7H^5O^2 \\ H \end{array}\right\} N$	$\left.\begin{array}{l} C^6H^5SO^2 \\ C^7H^5O \\ C^7H^5O \end{array}\right\} N$
Benzamid.	Benzoylsalicylamid.	Dibenzoylsulfophenylamid.

Sie machen darauf aufmerksam, dafs das secundäre Amid in alkoholischer Lösung Lakmus röthet und leicht 1 Atom Wasserstoff gegen 1 Atom Metall austauscht, wie eine eigentliche Säure.

bedeuten will, mit dem Product ihrer Verbindung dem unterchlorigsauren Kali vergleichbar sein?

Man kann diese Körper zusammenstellen, ohne sie durcheinander zu mengen. Man unterscheidet sie nach ihren Eigenschaften, man vergleicht sie nach ihrer atomistischen Constitution. Es sind das zwei völlig verschiedene Gesichtspunkte. Lavoisier hatte auf den ersteren Gewicht gelegt, als er die Oxyde den Säuren gegenüberstellte. Der zweite lag ihm fern. Zu seiner Zeit war eine atomistische Theorie noch nicht vorhanden: er konnte sich also nicht mit der Anordnung der Atome beschäftigen. Jedermann wird zugeben, daſs zusammengesetzte Körper, deren Atome in gleicher Weise gelagert sind, verschiedene Eigenschaften haben können, wenn die Atome selbst verschieden sind.

Heiſst das die unterchlorige Säure mit dem kaustischen Kali vermengen, wenn man sagt: diese beiden Körper enthalten eine gleiche Zahl von Atomen in gleicher Weise gelagert, aber der eine enthält Chlor an der Stelle, wo der andere Kalium enthält —? Erklärt nicht dieser Grundunterschied in ihrer Zusammensetzung den Gegensatz in ihren Eigenschaften? In der That sind sie nicht verschiedener von einander, als es das Chlor vom Kalium ist.

Der genannte Einwurf ist also ohne Bedeutung. Kolbe hat einen anderen von 'gröſserem Gewicht erhoben; denn seine Betrachtung scheint den Dingen auf den Grund zu gehen. „Eure drei oder vier Typen," sagte Kolbe, „sind nur ein leeres Formenspiel. Warum soll man annehmen, die Natur habe sich darauf beschränkt, alle Körper nach dem Muster der Chlorwasserstoffsäure, des Wassers, des Ammoniaks zu gestalten? Warum eher nach diesen als nach anderen? Wenn wir nur die organischen Verbindungen in Betracht ziehen, wäre es da nicht angemessener, sie auf die Kohlensäure zu beziehen? Aus dieser bildet in Wirklichkeit das Pflanzenreich seine Verbindungen. Der Typus Kohlensäure hat also seine Berechtigung in der Natur der Dinge, und es scheint logisch, auf ihn alle organischen Verbindungen zu beziehen, weil sie in der That von ihm abstammen."

Darauf läfst sich zunächst erwidern, dafs das Wasser und das Ammoniak in den Vorgängen des Pflanzenlebens ebenso unerläfsliche Vermittler sind wie die Kohlensäure. Um Wasserstoff und Stickstoff zu assimiliren, müssen die Pflanzen Wasser und Ammoniak zersetzen, wie sie die Kohlensäure zersetzen, um den Kohlenstoff zu assimiliren. Die grofse Arbeit des Aufbaues der organischen Materie erfordert also das Zusammenwirken von drei mineralischen Verbindungen, und wenn man der typischen Auffassung die Frage nach dem Ursprung zu Grunde legen will, so ist kein Grund vorhanden, das Wasser und das Ammoniak zugunsten der Kohlensäure auszuschliefsen. Ueberdies ist es leicht zu zeigen, dafs der Typus Kohlensäure auf den Typus Wasser zurückgeführt werden kann. Ist das Wasser Wasserstoffoxyd, so ist die Kohlensäure Carbonyloxyd, d. h. das Oxyd des Radicals Kohlenoxyd.

Man kann also die Körper von ähnlicher Constitution ebenso gut auf den einen wie auf den andern Körper beziehen. Dabei mufs jedoch bemerkt werden, dafs es bequemer ist, sie mit dem Wasser zu vergleichen; denn dieses enthält 2 Atome Wasserstoff, von denen jedes durch einen andern einfachen Körper oder durch ein Radical vertreten werden kann.

Da die Zahl der Radicale und Elemente sehr beträchtlich ist, so können die Fälle von Substitution bis ins Unendliche variiren. Es giebt also eine unermefsliche Zahl von Verbindungen, die man mit dem Wasser vergleichen kann, wenn man annimmt, der Wasserstoff desselben sei ganz oder theilweise vertretbar.

Aber hat denn diese Hypothese von Elementen oder Radicalen, die sich in so zahlreichen Fällen für den Wasserstoff des Wassers substituiren können, eine zuverläfsige Grundlage? Beruht sie auf Thatsachen, oder ist sie nur eine leere Vermuthung? Es ist Zeit, auf diese Frage zu antworten.

Wirft man ein Stück Kalium auf Wasser, so zersetzt es das Wasser mit solcher Heftigkeit, dafs der freigewordene

Wasserstoff in Berührung mit dem rothglühenden Metallkügelchen sich entzündet. In dem zersetzten Wassermolekül wird der Wasserstoff durch das Kalium vertreten, indem kaustisches Kali entsteht. Diese Thatsache wird durch die Typentheorie veranschaulicht, wenn sie sagt: das Kaliumhydrat ist Wasser, in welchem 1 Atom Wasserstoff durch 1 Atom Kalium vertreten ist.

Betrachten wir nun das organische Chlorid, das Gerhardt durch Destillation von Natriumacetat mit Phosphorsuperchlorid erhalten und Acetylchlorid genannt hat. In Berührung mit Wasser zersetzt es sich augenblicklich. Sein Chlor entzieht dem Wasser 1 Atom Wasserstoff und bildet Chlorwasserstoff, und das Radical Acetyl, das aus der Verbindung mit dem Chlor ausscheidet, tritt an die Stelle des Wasserstoffatoms, das aus dem Wasser austritt. Die Essigsäure entsteht demgemäfs durch einen Austausch von Elementen zwischen dem Acetylchlorid und dem Wasser. Das letztere ist also in Wirklichkeit zu Essigsäure geworden durch Substitution des Radicals Acetyl für 1 Atom Wasserstoff. Die Typentheorie giebt eben dieser Thatsache Ausdruck, wenn sie der Essigsäure, d. h. dem Acetylhydrat, eine überaus einfache Formel zuertheilt, die gewissermafsen nach dem Modell der Wasserformel geschrieben ist.[1]

Diese Formel ist nur ein Ausdruck für die Reaction, von der wir reden; sie entspricht einer der Bildungsweisen der Essigsäure; sie nimmt in dieser Säure ein Radical an, das unverändert durch doppelte Zersetzung aus einer Verbindung in die andere übergeführt werden kann; sie erinnert in einfachster Weise an die Beziehungen zwischen der Essigsäure, dem Acetylchlorür, dem Aldehyd oder Acetylhydrid, dem Aceton oder Acetyl-Methylid, dem Acetamid, dem Essigsäure-Anhydrid, kurz zwischen allen Verbindungen, die das Radical Acetyl enthalten.

Ebenso verhält es sich mit allen andern typischen Formeln. Sie beruhen auf eingehenden Studien der Reactionen, deren treue Spiegelbilder sie sind, und stellen die Verwandt-

---

[1] Siehe oben Anm. auf S. 92. 93.

schaftsbeziehungen dar, die aus diesen Reactionen hervorgehen. Diese Reactionen aber sind im Allgemeinen doppelte Zersetzungen, welche die Radicale unberührt lassen; unverändert gelangen diese durch Austausch aus einer Verbindung in die andere. Nichts kann einfacher und klarer sein als die Wiedergabe dieser Metamorphosen in der typischen Schreibweise. Hierin lag der wichtigste Gewinn, den der Gedanke der Typen einschloſs. Um diese ihre eigentliche Bedeutung zu bezeichnen, hatte sie Gerhardt „Typen der doppelten Zersetzung" genannt.

Die typischen Formeln sind also Bilder der Reactionen, und in den Thatsachen selbst beruht der Ursprung und die Berechtigung ihrer Idee. Soll damit gesagt sein, daſs diese Theorie alle Thatsachen zu deuten vermag? daſs die typischen Symbole und Gleichungen alle Reactionen auszudrücken geeignet sind? Unmöglich. Unter den vielen Metamorphosen, die die Körper organischen Ursprungs erleiden können, hat die Typentheorie die einfachsten ausgewählt, diejenigen, durch welche die äuſsere Form des chemischen Moleküls und die Natur seiner Anhängsel eine Veränderung erfährt, ohne daſs der Körper der Substanz, sein zusammengesetztes Radical. angegriffen wird. Es giebt jedoch Reactionen, in denen auch letzteres eine Veränderung oder eine Zersetzung erleidet. Statt unversehrt in eine andere Verbindung überzugehen, kann es dem Angriff erliegen. Solche tief eingreifenden Metamorphosen sind im Allgemeinen keine doppelten Zersetzungen und lassen sich nicht mehr durch die verhältniſsmäſsig einfachen Formeln, durch welche diese veranschaulicht werden, zur Darstellung bringen.

Wir haben die Typentheorie von ihrem Ursprung durch ihre Entwicklungen hindurch verfolgt. Hier stehen wir an ihrer Grenze. Sie hat der Radicaltheorie die Vorstellung von Atomgruppen entnommen, die sich wie einfache Körper verhalten; aber statt sie als Körper aufzufassen, denen eine reelle Existenz und Verbindungsfähigkeit zukommt, wie sie den Elementen eigenthümlich ist, sah sie in ihnen Reste, Rückstände, die an die Stelle einfacher Körper treten und so eine groſse

Zahl von Verbindungen bilden können, die nur wenigen Typen angehören. Berzelius hatte eine Menge Radicale nach Gutdünken angenommen und gemeint: man wird später lernen, sie zu isoliren. Gerhardt dagegen sagte: Radicale sind die Ueberbleibsel von Molekülen, die in freiem Zustande nicht bestehen, aber in den Verbindungen, in denen sie vorkommen, für einfache Körper substituirt werden können. So hat die Typentheorie sich den Begriff der Radicale in der Weise angeeignet, dafs sie ihm vermöge des Begriffs der Substitution eine neue Bedeutung gab. Sie wufste diese beiden Begriffe den bis dahin feindlichen Theorien anzupassen und hat damit deren Gegensatz ausgelöscht.

Aber sie hat die Constitution der Radicale, die sie annahm, nicht weiter zu ergründen versucht. Sie stellte sie in einer ungetheilten Formel als Gruppen eng verbundener Atome dar, sie verfolgte sie in ihrem Uebergang aus einer Verbindung in die andere; wo aber diese selbst eine Zersetzung erleiden, war die Theorie in den meisten Fällen aufser Stande, solche tiefgreifende Umbildung, die in den eigentlichen Körper des organischen Moleküls eingreift, zu veranschaulichen, da sie nichts von dem Bau der Radicale weifs.

Eine Theorie ist gut, wenn sie die Thatsachen in logischer Folge zu ordnen vermag. Sie ist fruchtbar, wenn sie Entdeckungen zu Tage fördert und in sich den Keim zu wichtigen Fortschritten trägt. Die Typentheorie hat alles dieses für sich aufzuweisen. Aus ihrer letzten Fortbildung ist eine neue, allgemeinere Anschauung hervorgegangen, die dem bezeichneten Mangel abhilft. Wir meinen die Theorie von der Atomigkeit. Aber es ist hier nicht der Ort, diese zu erörtern, wir beschränken uns auf die Andeutung, dafs ihre Wurzeln in der Typentheorie liegen. Diese Theorie hatte in der letzten Phase ihrer Entwicklung condensirte Typen und gemischte Typen aufgestellt. Williamson hatte die Schwefelsäure auf 2 Moleküle Wasser bezogen, in denen 2 Atome Wasserstoff durch das zweibasische Radical Sulfuryl vertreten werden. Dies Radical, das also für 2 Atome Wasserstoff in der Weise substituirt werden kann, dafs es in 2 Molekülen Wasser je 1 Atom Wasserstoff vertritt, hält die Reste der beiden Moleküle zusammen und verkettet sie zu einem einzigen condensirten Molekül.[1]) So entstand die Lehre von den mehratomigen Radicalen. Auf solche condensirte Typen bezog auch Gerhardt nach Williamson's Vorgang die Säuren, die der Schwefelsäure analog mehrere Moleküle Basis sättigen.

Diese mehratomigen Radicale spielen eine analoge Rolle in den gemischten Typen. Man betrachte ein Molekül Wasser, das einem Molekül Chlorwasserstoffsäure zur Seite steht. Man kann sich das Wasserstoffatom der letzteren und 1 Wasserstoffatom des anliegenden Wassermoleküls zusammen durch ein zweibasisches Radical, z. B. durch Sulfuryl, vertreten denken. Alsdann wird dies Radical das Molekül Wasser, das 1 Atom Wasserstoff verloren hat, dem Molekül Chlorwasserstoffsäure, das gleichfalls seinen Wasserstoff verloren hat, anheften. Die beiden Moleküle werden so durch das zweibasische Radical zu einem einzigen verkettet. Auf diese Weise gelangen wir zu dem, was Odling einen gemischten Typus genannt hat.[1])

Das sind die letzten Phasen in der Entwicklung der Typentheorie. Sie bezeichnen den Anfang einer neuen Periode, in die die Wissenschaft eintritt: diejenige, in der sie sich in diesem Augenblicke befindet. Wir werden also Gelegenheit haben, auf sie zurückzukommen, wenn wir auf die Theorien der Gegenwart näher eingehen.

---

[1]) Folgende Formeln veranschaulichen den Begriff der condensirten Typen und der gemischten Typen und die Rolle der mehratomigen Radicale in den Verbindungen, die auf diese Typen bezogen werden:

$$\left.\begin{matrix}H\\H\end{matrix}\right\}O \quad \left.\begin{matrix}H\\H\end{matrix}\right\}O \qquad \left.\begin{matrix}H\\(SO^2)''\\H\end{matrix}\right\}O^2 = \left.\begin{matrix}(SO^2)''\\H^2\end{matrix}\right\}O^2 \qquad \left.\begin{matrix}H\\H\end{matrix}\right\}O \quad \left.\begin{matrix}H\\Cl\end{matrix}\right\} \qquad \left.\begin{matrix}(SO^2)''\\Cl\end{matrix}\right\}O$$

| 2 Moleküle Wasser (condensirter Typus). | 1 Molekül Schwefelsäure. | 1 Mol. Wasser und 1 Mol. Chlorwasserstoffsäure. (gemischter Typus). | Chlorschwefelsäure. |

Gerhardt hat die Genugthuung erlebt, die meisten seiner Ansichten zum Siege gelangen zu sehen; aber er ist nicht mehr Zeuge der fruchtbaren Umbildung gewesen, die sie in der jüngsten Zeit erfahren haben. Er ist, nur vierzig Jahre alt, bald seinem Freund und Vorgänger Laurent in das Grab gefolgt.

Beide sind jung gestorben, von übermäfsiger Arbeit erschöpft, und ohne dafs sie jene Gunst und Popularität gefunden hätten, die zu Ehren führt. Auch haben sie sie nicht gesucht. Von reiner Liebe zur Wissenschaft erfüllt, sind sie auf Wegen in dieselbe eingedrungen, welche der grofsen Menge unzugänglich sind. Unabhängigen Geistes, haben sie den Schulstaub von sich abgeschüttelt und voll heifsen Muthes nicht den Kampf verschmäht, in welchem sie mehr Gegner als ernsten Widerspruch fanden und dem mächtigsten Vertreter dieses Widerspruchs, Berzelius, festen Stand hielten.

Wenn auch einzelne ihrer Ansichten unzureichend, ihre Ausdrucksweise hier und da übertrieben gewesen sein mag, so sind sie dennoch als Sieger aus diesem Streite hervorgegangen und haben ihren Nachfolgern ein grofses Beispiel und der Geschichte zwei unzertrennlich verbundene Namen hinterlassen.

DIE HEUTIGEN THEORIEN.

Die Typentheorie hat eine aufserordentlich grofse Anzahl mineralischer und organischer Verbindungen umfafst und klassificirt, indem sie sie mit einer kleinen Zahl sehr einfacher Verbindungen verglich; sie hat die Schranken beseitigt, welche die Gewohnheit zwischen der Mineralchemie und der organischen Chemie aufgerichtet hatte. Sie hat eine Masse der allerverschiedensten Körper, ohne Rücksicht auf ihren Ursprung, verglichen und geordnet. Darauf verzichtend, die Constitution der Körper zu enthüllen, hat sie dieselben nach ihren Umwandlungen in Gruppen eingetheilt und eine vortreffliche Nomenclatur geschaffen, die, klar in ihrer Ausdrucksweise, zum Werkzeug für zahlreiche Entdeckungen ward, weil sie verwandtschaftliche Beziehungen und Analogien auf den ersten Blick zu erkennen gestattete. Sie besafs mit einem Wort alle Eigenschaften und alle Vortheile einer guten Theorie. Aber sie ging den Dingen nicht auf den Grund, und ihr Princip schien sogar etwas Erkünsteltes zu haben. Sie nahm typische Verbindungen an, ohne einen Grund dafür anzugeben. Was bedeuten die Typen Wasserstoff, Wasser, Ammoniak? und weshalb wählte man eben diese und keine anderen? Diese wichtige Frage hat die Typentheorie sich anfangs nicht gestellt; heute ist dieselbe gelöst. Diese Typen vertreten verschiedene Verbindungsformen, welche mit einer Grundeigenschaft der Atome zusammenhängen, die wir „Atomigkeit" nennen. Hier begegnen wir einer neuen Idee, der Grundlage der heutigen Wissenschaft. Mit ihrem Ursprung und ihrer Entwicklung nun verhält es sich folgendermafsen.

I.

In seinen denkwürdigen Untersuchungen über die Zusammensetzung der Salze, war Berzelius darauf geführt worden, einen wichtigen Satz, welchen Richter zuerst ausgesprochen hatte, zu bestätigen und zu präcisiren, den nämlich: dafs die Sättigungscapacität eines Oxydes von der Sauerstoffmenge abhängt, welche es einschliefst. In allen neutralen Salzen existirt ein constantes Verhältnifs zwischen der Sauerstoffmenge des Oxydes und der Sauerstoffmenge der Säure. Das ist die Ausdrucksweise, welche Berzelius diesem Gesetze gab. Im Jahre 1811 ausgesprochen, hat es eine neue Stütze für die Atomtheorie geliefert, welche sich damals zu verbreiten anfing. Man kann sagen, dafs es als eine Consequenz dieser Theorie auftritt. In der That, da die Verbindung zwischen einem Oxyd und einer Säure immer in denselben Verhältnissen stattfindet, und da die kleinsten Mengen dieses Oxydes und dieser Säure, welche mit einander zusammentreten können, eine bestimmte Zahl von Sauerstoffatomen einschliefsen, so ist klar, dafs das Verhältnifs zwischen dem Sauerstoff des Oxydes und dem der Säure unveränderlich sein mufs.

Die kleinste Menge Calciumoxyd, die existiren kann, enthält 1 Atom Sauerstoff; die kleinste Menge wasserfreie Schwefelsäure, die man sich vorstellen kann, enthält 3 Atome Sauerstoff. Diese Mengen nannte man ein „Aequivalent" des Oxydes und der Säure. Diese „Aequivalente" sind es, die sich verbinden.

Der schwefelsaure Kalk schliefst also 1 Aequivalent Schwefelsäure und 1 Aequivalent Calciumoxyd ein, und alle Sulfate, deren Oxyd, wie der Kalk, 1 Atom Sauerstoff einschliefst, haben eine analoge Zusammensetzung.

Nun hatte aber Berzelius zuerst erkannt, dafs das Aluminiumoxyd oder die Thonerde, die Erde, welche im Thon vorkommt und ¦aus dem Alaun dargestellt werden kann,

3 Atome Sauerstoff auf 2 Atome Metall enthält.[1]) Indem er auf das schwefelsaure Aluminium das Gesetz der Zusammensetzung anwandte, welches er für die Sulfate entdeckt hatte, nahm er an, dafs dieses Salz auf 1 Aequivalent Aluminium 3 Aequivalente Schwefelsäure enthält. In der That, damit das Verhältnifs 1 : 3 in einem solchen Sulfat aufrecht erhalten bleibe, mufs das Oxyd, welches 3 Atome Sauerstoff enthält, in der Säure deren 9 vorfinden; es mufs sich also mit 3 Aequivalenten Schwefelsäure verbinden. Die Oxyde des Eisens, Chroms, Mangans besitzen eine ähnliche Zusammensetzung, wie das Aluminiumoxyd und verbinden sich, wie dieses, mit 3 Aequivalenten Schwefelsäure.

Die Zusammensetzung der verschiedenen Sulfate zeigt daher einen fundamentalen Unterschied in den Eigenschaften der beiden Klassen von Oxyden an, von denen der Kalk und die Thonerde die Repräsentanten sind.

Während 1 Molekül der einen sich mit nur 1 Molekül Schwefelsäure vereinigt, verbindet sich 1 Molekül der andern mit 3 Molekülen derselben Säure; und dennoch betrachtete man durch eine wunderliche Begriffsverwirrung das Molekül Kalk als das Aequivalent von einem Molekül Thonerde, obgleich diese letztere sich mit einer dreimal gröfseren Menge Schwefelsäure verbindet. Diese Inconsequenz war dem durchdringenden Verstande Gay-Lussac's nicht entgangen, und Diejenigen, welche vor 40 Jahren seine Vorlesungen an der poly technischen Schule gehört haben, erinnern sich, dafs er sie hervorhob und corrigirte. Um die Formel der schwefelsauren Thonerde mit der des schwefelsauren Kalkes in Harmonie zu

---

[1]) Nach dem System der Atomgewichte, welche Berzelius 1815 angenommen hatte, betrachtete er zuerst das Eisenoxyd und das Aluminiumoxyd als zusammengesetzt aus 1 Atom Metall und 3 Atomen Sauerstoff. Später (1826) veränderte er diese Ansicht, indem er dem Eisen und dem Aluminium halb so grofse Atomgewichte gab und ihren Oxyden die Formeln Fe^2O^3 und Al^2O^3, welche noch heute im Gebrauch sind.

DIE HEUTIGEN THEORIEN.

bringen, schnitt er das Molekül der Thonerde in 3 Theile und nahm darin 1 Atom Sauerstoff auf 2 Atome Aluminium an, und diese Menge Oxyd ist in dem Sulfat mit einem einzigen Molekül Schwefelsäure verbunden. Durch diese Verhältnifszahl für das Oxyd bezeichnete er das wahre Aequivalent der Thonerde in Bezug auf den Kalk; denn es ist klar, dafs man als äquivalent nur diejenigen Oxydmengen ansehen kann, welche sich mit derselben Menge Säure verbinden.

Aber die Formeln Gay-Lussac's wurden nicht anerkannt, und die Chemiker haben, gleichsam instinctmäfsig, die Formeln von Berzelius beibehalten, welche in der That die wahren Molekulargröfsen und einen so deutlichen Unterschied in der Verbindungscapacität der beiden Klassen von Oxyden ausdrücken, von welchen die einen, wenn man so sagen darf, einsäurig und die andern dreisäurig sind.

Eine Verschiedenheit derselben Art ward später für die Säuren bewiesen. Jedermann kennt die schönen Entdeckungen von Graham, der in die Wissenschaft die Bezeichnung der mehrbasischen Säuren eingeführt hat, welche gewissermafsen derjenigen der eben erwähnten mehrsäurigen Basen parallel ist.

Den Chemikern waren gewisse Unterschiede in den Eigenschaften der Phosphorsäurelösungen aufgefallen, je nachdem diese Lösungen mit wasserfreier Säuren, oder mit glasiger Säure bereitet waren oder aber einige Zeit gestanden hatten. Berzelius, welcher annahm, dafs die Verbindung des Sauerstoffs und des Phosphors, welche in diesen Lösungen besteht, immer dieselbe ist, hatte die Ursache dieser Unterschiede in einem besondern Zustand der Materie, in einer verschiedenen Anordnung der Atome gesucht. Er nahm zuerst an, dafs Körper, welche dieselbe Zusammensetzung haben, verschiedene Eigenschaften zeigen können, wenn dieselben Elemente darin auf verschiedene Weise verbunden sind. Diese und andere Thatsachen, welche hier nicht erwähnt zu werden brauchen, haben in die Wissenschaft die Bezeichnung der Isomerie eingeführt, welche heute darin eine so wichtige Stelle einnimmt und den Scharfsinn der Chemiker so sehr in Anspruch genommen hat. Aber durch einen sonderbaren Zufall hat sich herausgestellt, dafs die verschiedenen Phosphorsäuren der Klasse der isomeren Körper nicht angehören: sie haben nicht dieselbe Zusammensetzung. Freilich enthalten sie alle die Verbindung des Sauerstoffs mit dem Phosphor, welche Berzelius darin annahm. Aber dieser sauerstoffhaltige Körper, die wasserfreie Säure, ist darin mit verschiedenen Mengen Wasser verbunden. In seiner klassischen Abhandlung hat Graham drei Verbindungen des Wassers mit wasserfreier Phosphorsäure kennen gelehrt. Auf 1 Molekül dieser wasserfreien Säure enthält die erste 1 Aequivalent, die zweite 2 Aequivalente, die dritte 3 Aequivalente Wasser.[1]) Dies sind die wahren Phosphorsäuren, und man sieht, dafs sie sich in ihrer Zusammensetzung von einander unterscheiden. Auch hat Graham sie mit verschiedenen Namen bezeichnet, welche ihnen geblieben sind, und heute denkt Niemand mehr daran, sie als isomer zu betrachten.

Die Zusammensetzung ihrer Salze ist der der Säuren selbst analog. Die einfach gewässerte Säure nimmt 1 Aequivalent Oxyd, die dreifach gewässerte nimmt deren 3 auf. Die erstere giebt mit Silbernitrat einen weifsen, die letztere einen gelben Niederschlag. In diesen Unterschieden, welche die ersten Beobachter befremdet hatten, liegt nichts Unregelmäfsiges, denn sie beruhen auf Verschiedenheiten in der Zusammensetzung. Der weifse Niederschlag, das Silbermetaphosphat, enthält 1 Atom Silber; der gelbe Niederschlag, das gewöhnliche Phosphat, enthält deren 3. Man sagt deshalb: die Metaphosphorsäure ist einbasisch und die gewöhnliche Phosphorsäure dreibasisch. Hier

---

[1]) Die Zusammensetzung der Phosphorsäuren nach Aequivalenten ist folgende:

	Aequivalentformeln.	Atomistische Formeln.
Phosphorsäure	$PhO^5, 3 HO$	$H^3 Ph\ O^4$
Pyrophosphorsäure . .	$PhO^5, 2 HO$	$H^4 Ph^2 O^7$
Metaphosphorsäure . .	$PhO^5,\ HO$	$H\ Ph\ O^3$

Die heutigen Theorien.

sind wir an dem Punkte angelangt, den wir aufklären wollten. Es giebt Säuren, deren Molekül so beschaffen ist, dafs es zu seiner Sättigung ein einziges Aequivalent einer gewissen Base erfordert; andere Säuren erfordern 2, andere 3 Aequivalente derselben. Haben die Moleküle dieser Säure gleichen Werth, sind sie untereinander äquivalent? Keineswegs, da ihre Verbindungscapacität, welche durch die Basenmenge ausgedrückt wird, welche sie sättigen; im Verhältnifs 1 : 2 : 3 von einander abweicht.

Vergleichen wir z. B. die Salpetersäure, Schwefelsäure und Phosphorsäure. Um ein vollständig gesättigtes Salz zu bilden, vereinigt sich die erste mit 1 Molekül Kali, die zweite mit 2, die dritte mit 3 Molekülen, und wenn wir die Säuremoleküle betrachten, welche dieselbe Menge Basis sättigen, so müssen wir annehmen, dafs 1 Molekül Schwefelsäure mit 2 Molekülen Salpetersäure und 1 Molekül Phosphorsäure mit 3 Molekülen Salpetersäure gleichwerthig ist. Das ist die wichtige Anschauung von den mehrbasischen Säuren.

Sie hat dieselbe Bedeutung und dieselbe Tragweite, wie die Existenz der mehrsäurigen Basen, ohne dafs man zwanzig Jahre hindurch an diesen Vergleich gedacht hätte. Diese beiden Bezeichnungen sind in der Wissenschaft isolirt geblieben und wie verloren für die Theorie. Ihre Verkettung wurde erst durch neue Untersuchungen aufgeklärt.

Was Berzelius für die Thonerde und das Eisenoxyd angenommen hatte, welche er auffafste als ausreichend zur Sättigung von 3 Molekülen Säure, das hat Berthollet für das Glycerin bewiesen, von dem er die Auffassung hatte, dafs es 3 Moleküle Säure erfordere, um einen völlig gesättigten neutralen Fettkörper zu bilden. Man hatte bereits vor ihm erkannt, dafs das Glycerin die Rolle eines Alkohols spielt, d. h. eines organischen Hydrats, welches zusammengesetzte Aether bilden kann, indem es sich mit Säuren vereinigt. Vor 50 Jahren, zu einer Zeit, als die organische Chemie noch kaum ins Leben getreten war, hatte Chevreul in seinen ausgezeichneten Arbeiten über die Fettkörper die näheren Bestandtheile der Fette und Oele mit den Aethern verglichen. Das war eine grofse und fruchtbare Idee, ein Lichtstrahl inmitten tiefer Nacht. Sie wurde durch das aufmerksame Studium der Verseifungserscheinungen erzeugt und erlaubte den folgenden Vergleich anzustellen: Ebenso wie die zusammengesetzten Aether sich unter dem Einflusse von Alkalien zerlegen, ebenso zersetzen sich die neutralen Fettkörper unter dem Einflufs von Basen in Glycerin und in Salze, die wir Seifen nennen. Das Glycerin spielt daher für den neutralen Fettkörper dieselbe Rolle, die der Alkohol für den Aether spielt. Es ist ein Alkohol.

Aber während der gewöhnliche Alkohol sich nur mit 1 Molekül einer einbasischen Säure zu einem zusammengesetzten Aether verbindet, nimmt das Glycerin bis 3 Moleküle einer solchen Säure auf, um einen neutralen Fettkörper zu bilden. So enthält das Stearin, welches in die Zusammensetzung der meisten thierischen Fette eintritt, die Elemente von 3 Molekülen Stearinsäure, und diese Verbindung geht unter Austritt von 3 Molekülen Wasser vor sich. Dieser tristearinsaure Aether ist jedoch nicht die einzige Verbindung, welche das Glycerin mit Stearinsäure bilden kann. Statt mit 3 Molekülen, kann sich dasselbe mit 2 Molekülen Säure verbinden, indem 2 Moleküle Wasser austreten. Es kann auch ein einziges Molekül Säure aufnehmen, indem nur 1 Molekül Wasser austritt. Es existiren also drei bestimmte Verbindungen von Stearinsäure und Glycerin, welche 1, 2 oder 3 Moleküle Stearinsäure einschliefsen. Alle sind gegen Lakmuspapier neutral, aber nur eine derselben kann als mit Säure gesättigt angesehen werden, diejenige nämlich, welche 3 Moleküle derselben enthält. Diese Thatsachen sind von Berthollet entdeckt und im Jahre 1854 in einer mit Recht berühmten Abhandlung veröffentlicht worden. Ihre theoretische Wichtigkeit ist dem Verfasser nicht entgangen, welcher sich darüber folgendermafsen ausspricht: „Diese Thatsachen zeigen uns, dafs das Glycerin zum Alkohol dieselbe Stellung einnimmt, wie die Phosphorsäure zur Salpetersäure. Während die Salpetersäure nur eine Reihe neutraler Salze liefert, erzeugt die Phosphorsäure deren drei: die gewöhnlichen Phosphate, die Pyrophosphate und die Metaphosphate. Diese drei Reihen von Salzen reproduciren, wenn man sie durch energische Säuren bei Anwesenheit von Wasser zersetzt, eine und dieselbe Phosphorsäure.

Ebenso giebt das Glycerin drei Reihen verschiedener neutraler Verbindungen, während der Alkohol nur eine einzige Reihe von neutralen Aethern bildet. Diese drei Reihen reproduciren bei ihrer vollständigen Zersetzung, bei Gegenwart von Wasser, einen und denselben Körper, das Glycerin.[1]

Der Zusammenhang, welchen Berthelot zwischen dem Alkohol und der Salpetersäure einerseits und dem Glycerin und der Phosphorsäure andrerseits festgestellt hat, ist nur unter der Bedingung richtig, dafs die Säure, welche mit dem Glycerin verglichen wird, die dreibasische Phosphorsäure ist. Diese Säure braucht zu ihrer Sättigung 3 Moleküle von einer Base wie das kaustische Kali, aber sie ist im Stande, nur 2 oder nur ein einziges Molekül einer solchen Base aufzunehmen, und so erhalten wir drei Reihen von Phosphaten mit 1, 2 oder 3 Aequivalenten Base, entsprechend den drei Reihen von Glycerinverbindungen mit 1, 2 oder 3 Aequivalenten Säure. Ebenso wie diese drei Reihen von Phosphaten nur eine einzige Säure enthalten, die dreibasische Phosphorsäure, ebenso enthalten die drei Reihen von Glycerinverbindungen nur eine einzige Base, das dreiatomige Glycerin. Es war deshalb ungenau, die Verbindungen des Glycerins mit 2 Aequivalenten Säure mit den Pyrophosphaten, und die Verbindungen des Glycerins mit einem Aequivalent Säure mit den Metaphosphaten zu vergleichen. Diese drei Säuren sind in ihrer Sättigungscapacität grundverschieden. Wenn das Glycerin, dreiatomig, wie man sich heute ausdrückt, der dreibasischen Phosphorsäure ähnlich ist, so kann man es in Bezug auf seine Sättigungscapacität nicht mit der zweibasischen Pyrophosphorsäure und der einbasischen Metaphosphorsäure vergleichen. Das Glycerin gleichzeitig mit einer drei-

---

[1] Annales de chimie et de physique, dritte Reihe, Band LXI, pag. 319.

basischen, zweibasischen und einbasischen Säure vergleichen, das hiefse, ihm gleichzeitig den Charakter eines dreiatomigen, zweiatomigen und einatomigen Alkohols zuerkennen. Hier war in den Ideen eine Verwirrung, die in den Thatsachen nicht existirt; denn die Versuche von Berthelot waren richtig und bezeichnen einen sehr bedeutenden Fortschritt, die Entdeckung der mehratomigen Alkohole.

Die richtige Interpretation aller dieser Thatsachen gab einige Monate später Wurtz in einer Notiz: „Theorie der Glycerinverbindungen." Das Glycerin wird darin dargestellt als ein dreibasischer Alkohol, welcher 3 Aequivalente Wasserstoff enthält, die durch drei Gruppen oder zusammengesetzte Radicale vertreten werden können. Die drei von Berthelot erhaltenen Reihen von Glycerinverbindungen wurden angesehen als Abkömmlinge dieses dreibasischen Alkohols durch Substitution von 1, 2 oder 3 Radicalen an der Stelle von 1, 2 oder 3 Atomen Wasserstoff. So erscheint das Tristearin als Glycerin, in welchem 3 Atome Wasserstoff durch 3 Radicale der Stearinsäure (Stearyl) ersetzt sind.

Es würde unnöthig sein, diese Interpretation zu erwähnen, wenn die Glycerinformel, welche bei dieser Gelegenheit vorgeschlagen wurde, nicht, wie wir gleich sehen werden, eine wichtige Entwicklung der Radicaltheorie veranlafst hätte.

II.

Die Typentheorie war bereits durch Williamson und Gerhardt verjüngt worden. Die mineralischen und organischen Körper wurden von einer kleinen Anzahl typischer Verbindungen durch Substitution von Radicalen an der Stelle von Wasserstoff abgeleitet. Williamson hat es zuerst ausgesprochen, dafs die Schwefelsäure von 2 Molekülen Wasser durch Substitution des zweibasischen Radicals der Schwefelsäure (des Radicals Sulfuryl) an der Stelle von 2 Atomen Wasserstoff abgeleitet werden könne. Indem Wurtz diese Idee auf das Glycerin anwandte, leitete er diesen Körper von 3 Molekülen

Wasser ab, durch Substitution des dreibasischen Radicals Glyceryl an der Stelle von 3 Atomen Wasserstoff, und einen Schritt weiter gehend, versuchte er den theoretischen Grund dieser auffallenden Eigenschaft des Glycerinradicals anzugeben, das gleichsam in 3 Wassermoleküle eingreift, indem es in jedem derselben 1 Atom Wasserstoff substituirt. Er machte darauf aufmerksam, daſs das Radical Glyceryl, bestehend aus 3 Atomen Kohlenstoff und 5 Atomen Wasserstoff, sich durch den Mindergehalt von 2 Atomen Wasserstoff von dem Radical Propyl unterscheidet, welches sich für ein einziges Atom Wasserstoff substituiren kann. In der That nimmt im Propylalkohol das Propyl den Platz von 1 Atom Wasserstoff in 1 Molekül Wasser ein. Der Verlust von 2 Atomen Wasserstoff, durch welchen das Propyl in Glyceryl übergegangen ist, hat also die Sättigungscapacität des ersteren Radicals um 2 Einheiten vermehrt. Mit andern Worten: das einbasische Radical ist dreibasisch geworden, indem es 2 Atome Wasserstoff verlor. Dieser Gesichtspunkt war neu und hat zu wichtigen Folgerungen in Bezug auf die Sättigungscapacität der Radicale geführt. Die Sättigungscapacität, welche man Atomigkeit genannt hat, war damit auf die Zusammensetzung der Radicale selbst zurückgeführt. Sie hängt ab von der Anzahl von Wasserstoffatomen, welche die letzteren enthalten, indem für jedes dieser Atome, welches einem Kohlenwasserstoff entzogen wird, die Atomigkeit um eine Einheit zunimmt. Diese Ideen erhielten bald darauf eine experimentelle Bestätigung, welche zu ihrer Verbreitung beitrug.

Um einen neutralen Aether zu bilden, nimmt der Alkohol nur 1 Molekül einer einbasischen Säure auf; das Glycerin kann bis zu 3 Molekülen aufnehmen. Es müssen daher intermediäre Körper zwischen dem Alkohol und dem Glycerin existiren, die fähig sind, 2 Moleküle einer Säure zu ätherificiren. Das ist die Schluſsreihe, welche zur Entdeckung der Glycole oder zweiatomigen Alkohole geführt hat. Kein bekannter Körper besaſs die Eigenschaften einer solchen Art von Alkoholen, und nachdem ihre Existenz theoretisch vorausgesehen war, mußte man auf Mittel denken, sie darzustellen. Dahin wurde man durch die Betrachtung geführt, welche weiter oben über die Funktionen des Glycerylradicals entwickelt worden sind.

Die zweiatomigen Alkohole müssen ein zweiatomiges Radical enthalten, und das ölbildende Gas oder Aethylen schien die Bedingungen eines solchen Radicals zu erfüllen. Es enthält in der That 1 Atom Wasserstoff weniger als das einatomige Radical Aethyl; es muß also zweiatomig sein. Wirklich verbindet es sich mit 2 Atomen Chlor, um das Aethylendichlorid zu bilden. Wie dem Aethylchlorid oder Chlorwasserstoffsäureäther ein Aethylhydrat entspricht, der Alkohol, so muß dem Aethylendichlorid 1 Aethylendihydrat entsprechen. Dieses Dihydrat ist der Glycol. Wurtz hat seine Bildung verwirklicht, indem er das Dijodid oder Dibromid des Aethylens auf 2 Moleküle Silberacetat einwirken ließ und durch Kali das Aethylendiacetat zersetzte, welches durch doppelten Umtausch zugleich mit Silberbromid entsteht.

Dieser synthetische Prozeß hat den Charakter einer allgemeinen Methode und konnte ohne Weiteres zur Darstellung von Körpern dienen, die dem Glycol in Zusammensetzung und Eigenschaften analog sind. Wurtz hat dieselben „Glycole" oder „zweiatomige Alkohole" genannt,[1] um anzuzeigen, daß ihr Verbindungsvermögen, welches mit der

---

[1] Das Wort „mehratomig" war kaum vor der Zeit in Gebrauch, in welcher Wurtz' erste Notiz über „das Glycol oder einen zweiatomigen Alkohol" erschien, obwol dasselbe nicht absolut neu war. In einer Abhandlung vom Jahre 1845 (*Annales de chim. et de phys.* 3. Reihe, Bd. XIII, S. 142) hatte Millon einen Unterschied zwischen den einatomigen und mehratomigen Basen, die er ansah als zusammengesetzt aus mehreren Molekülen einer einatomigen Base, und ebenfalls zwischen den einatomigen und mehratomigen Säuren aufgestellt, welche letzteren ebenso durch Vereinigung mehrerer einfacher Moleküle entstehen. Auch ist anzuführen, daß Malaguti in seinen vortrefflichen *Leçons élémentaires de chimie* 1853, S. 331 die Bezeich-

größeren Complication ihres Moleküls zusammenhängt, doppelt so groß ist als das des gewöhnlichen Alkohols.

Zu dieser Zeit herrschte in der Wissenschaft die Typentheorie. Wir haben schon hervorgehoben, wie sie den Verfasser auf die richtige Interpretation der Beobachtungen über das Glycerin hingeführt hat. Dieselbe Theorie war der Leitfaden, welcher die Entdeckung des Glycols ermöglichte.

Dieser und alle gleichartigen Körper wurden auf den Typus Wasser bezogen, aber auf einen condensirten, aus 2 Molekülen bestehenden Typus. Das Radical Aethylen, welches sich mit 2 Atomen Chlor oder Brom verbindet, kann sich auch an Stelle zweier Atome Wasserstoff in 2 Molekülen Wasser substituiren, die es auf diese Weise, weil es untheilbar ist, mit einander verkettet. Das ist der Gedanke, welchen der Verfasser über die Function des Radicals Aethylen im Glycol aussprach und durch die rationelle typische Formel ausdrückte, welche er diesem Körper beilegte.[1])

---

nung einatomige, zweiatomige, dreiatomige Säuren statt der gebräuchlicheren Ausdrücke einbasische, zweibasische, dreibasische Säuren angewandt hatte.

[1]) Die folgenden Formeln erläutern die Bildung des Glycol und Wurtz's Ansichten über die Functionen des Radicals:

$$(C_2H_4)''J_2 + \left.\begin{matrix}C_2H_3O\\Ag\end{matrix}\right\}O = 2\,AgJ + \left.\begin{matrix}C_2H_3O\\(C_2H_4)''\\C_2H_3O\end{matrix}\right\}O_2$$

Aethylenjodid $\left.\begin{matrix}Ag\\C_2H_3O\end{matrix}\right\}O$ Jodsilber   1 Molekül Aethylenacetat.

2 Moleküle Silberacetat.

Man sieht, daß die 2 Moleküle Silberacetat zwei Atome Silber verlieren und gegen das zweiatomige untheilbare Radical Aethylen vertauschen, durch welches sie in ein einziges Molekül Aethylendiacetat zusammengeschweißt werden.

$$\left.\begin{matrix}C_2H_3O\\(C_2H_4)''\\C_2H_3O\end{matrix}\right\}O_2 + \left.\begin{matrix}H\\K\end{matrix}\right\}O\ \left.\begin{matrix}K\\H\end{matrix}\right\}O = (C_2H_4)''\left.\begin{matrix}H\\H\end{matrix}\right\}O_2 + 2\left[\left.\begin{matrix}C_2H_3O\\K\end{matrix}\right\}O\right]$$

Aethylen-Diacetat.   2 Moleküle Kali.   Aethylen-Dihydrat.   2 Moleküle Kaliumacetat.

Als eine wichtige Folge hat der Verfasser an die Glycole, die so constituirt sind, nicht nur die neutralen Verbindungen anreihen können, welche sie mit Säuren bilden, und in welchen ihr zweiatomiges Radical unberührt bleibt, sondern auch noch die Säuren, welche aus ihrer Oxydation hervorgehen, und in welchen ihr zweiatomiges Radical sich durch Substitution modificirt.

Durch Oxydation, durch Einfluſs des Platinmohrs tauscht der Alkohol 2 Atome Wasserstoff gegen 1 Atom Sauerstoff aus und wird zu Essigsäure. Sein Radical wird so durch Substitution modificirt und geht in das Radical Acetyl über.

Unter denselben Umständen und durch eine ganz ähnliche Reaction verwandelt sich der Glycol in Glycolsäure; aber während der Alkohol durch Oxydation nur eine einzige Säure bildet, kann der Glycol deren zwei bilden. Unter dem Einfluſs energischer Oxydationsmittel tauscht er 4 Atome Wasserstoff gegen 2 Atome Sauerstoff aus und wird zu Oxalsäure. Zwei Säuren leiten sich also durch Oxydation aus dem Glycol ab, dessen Radical sich zweimal durch Substitution modificiren kann, indem es 2 oder 4 Atome Wasserstoff gegen 1 oder 2 Atome Sauerstoff austauscht. Diese Substitution geht in dem Radical Aethylen vor sich, welches in der Glycolsäure zu dem Radical Glycolyl, in der Oxalsäure zu dem Radical Oxalyl wird. Die eine wie die andere dieser Säuren ist zweiatomig, denn sie hängen mit einem zweiatomigen Alkohol zusammen; aber während die eine, die Oxalsäure, zweibasisch ist, ist die andere, die Glycolsäure, nur einbasisch.[1]) Der Verfasser, welchem man die Kenntniſs dieser Reactionen verdankt, hat zuerst darauf hingewiesen, daſs die Basicität der Säuren mit der Anzahl der Sauerstoffatome zunimmt, welche

---

[1]) Folgende Formeln drücken die Beziehungen zwischen dem Alkohol und Glycol und den Säuren aus, welche durch ihre Oxydation entstehen:

$\begin{matrix} C_2H_5 \\ H \end{matrix} \Big\} O \quad \begin{matrix} C_2H_3O \\ H \end{matrix} \Big\} O \quad \begin{matrix} (C_2H_4)'' \\ H_2 \end{matrix} \Big\} O \quad \begin{matrix} C_2H_2O \\ H_2 \end{matrix} \Big\} O \quad \begin{matrix} C_2O_2 \\ H_2 \end{matrix} \Big\} O_2$

Alkohol.   Essigsäure.   Glycol.   Glycolsäure.   Oxalsäure.

in ihrem Radical enthalten sind, und dafs strenge genommen die Ausdrücke mehratomig und mehrbasisch nicht synonym sind, wenn es sich um Säuren handelt. Er hat diese Reactionen sofort auf andere Glycole, die höheren Homologen des gewöhnlichen Glycols, ausgedehnt, welche er mit Kohlenwasserstoffen, den höheren Homologen des Aethylens, erhalten hatte, und unter denen er besonders den Propylglycol und den Amylglycol studirt hat. Durch Oxydation gab der erstere Milchsäure, der zweite eine neue Säure aus der Milchsäurereihe.

Auf diese Weise wurden die mehratomigen und mehrbasischen Säuren auf mehratomige Alkohole bezogen, wie die einbasischen Säuren, welche der Essigsäure analog sind, früher auf die einatomigen Alkohole bezogen worden waren.

In Bezug auf die Klassification der organischen Verbindungen erscheinen diese Thatsachen von grofser Wichtigkeit. Man kann mit Recht behaupten, dafs sie die Veranlassung und die Quelle einer neuen Darstellungsmethode in der organischen Chemie wurden. Sie haben in der That erlaubt, eine besondere Gruppe aus den mehratomigen Alkoholen und dem ganzen Gefolge von Verbindungen, welche sich an diese anschliefsen, zu bilden, also aus den Kohlenwasserstoffen, welche ihr Radical ausmachen, und den mehratomigen Säuren, welche aus ihrer Oxydation hervorgehen, denen man noch die Aldehyde anfügen kann. Alle diese Körper können unter dem Namen mehratomiger Verbindungen zusammengefafst und von den einatomigen Säuren und Alkoholen und allen den Körpern, welche sich an diese anschliefsen, getrennt werden. Die Alkohole von verschiedener Atomigkeit sind, wie man sieht, gewissermafsen die Grundlage der Klassification geworden, und diese Grundlage ward aufserordentlich erweitert durch die schönen Versuche Berthelot's über den Mannit und die zuckerartigen Substanzen. Diese Körper sind, wie bekannt, als sechsatomige Alkohole charakterisirt worden. Sie verlangen zu ihrer Sättigung 6 Moleküle einer einbasischen Säure, während das Glycerin deren nur 3, der Glycol nur 2 aufnimmt und der gewöhnliche Alkohol sich mit einem einzigen begnügt. Um zu würdigen, von welchem Werth diese Dienstleistung für die Klassification gewesen ist, genügt es, die Lehrmethode in das Gedächtnifs zurückzurufen, welche vor zwanzig Jahren in den Vorlesungen über organische Chemie üblich war. Nach einer Einleitung über die Zusammensetzung der organischen Substanzen und über die Analyse folgte gewöhnlich die Beschreibung der neutralen Bestandtheile, welche das Pflanzenreich liefert, wie der Cellulose, der Stärke und der zuckerartigen Körper. An diese schlofs man häufig die neutralen Substanzen des thierischen Organismus an, wie das Albumin und ähnliche Körper. So begann man also mit den allercomplicirtesten Substanzen, über deren Constitution man in vollkommener Unkenntnifs war, um dann zu der Beschreibung der einfacheren Körper überzugehen, welche daraus durch Zersetzung entstehen, und diese Anordnung wurde einzig und allein durch die zufällige Uebereinstimmung in gewissen allgemeinen Eigenschaften bestimmt, wie die Neutralität, die saure Beschaffenheit, die Alkalität, und keineswegs durch Beobachtungen der verwandtschaftlichen Beziehungen und Abstammung von einander. Alle Säuren wurden zusammengestellt nur daraufhin, dafs sie Lakmustinktur röthen; alle Alkalien wurden aus dem Grunde vereinigt, dafs sie sie bläuen. Das war der Anfang der Wissenschaft; heute gruppirt man die Körper in aufsteigender Ordnung nach ihrer molekularen Complication, indem man mit den einfachsten anfängt und allmählich in der Reihe weitergeht, wenn die Moleküle complicirter werden.

Wird aber diese Complication des Moleküls genau und ausschliefslich durch die Anzahl der Kohlenstoffatome bestimmt, und mufs man aufs neue als Grundlage der Klassification Gerhardt's Stufenleiter der Verbrennung (S. 86) annehmen? Durchaus nicht. Es tritt ein neues Element in die Betrachtungen ein, durch die man die molekularen Complicationen bestimmt, nämlich die Atomigkeit des Moleküls, seine Sättigungscapacität, die man ausdrücken kann, indem man das Molekül auf einen einfacheren oder complicirteren Typus bezieht, welcher übereinstimmt mit der Atomigkeit oder Sättigungscapacität des Radicals, welches in diesem Molekül enthalten ist. In dieser Hinsicht gehört die Oxalsäure, obgleich sie nur 2 Atome Kohlenstoff einschliefst, einem höheren Verbindungstypus an als die Stearinsäure, welche 18 Atome Kohlenstoff enthält. Die erstere ist zweiatomig und schliefst sich an einen zweiatomigen Alkohol an; die zweite ist einatomig und hängt mit einem einatomigen Alkohol zusammen. Das Princip der allgemeinen Eintheilung, welches heute überwiegt, ist also der Atomigkeit entnommen. Man vereinigt die Körper von gleicher Atomigkeit in grofse Klassen. Die Eigenschaften aller dieser Körper weichen nach der Natur, der Anzahl und der Anordnung der Elemente, welche sie enthalten, von einander ab. Mit Leichtigkeit kann man daher Unterabtheilungen in diesen grofsen Klassen anbringen und die Körper derselben Klasse in Reihen und Familien zusammenordnen.

Die Reihe umfafst diejenigen Körper, welche eine ähnliche Molekularstructur und analoge Eigenschaften haben, während sie in ihrer Zusammensetzung regelmäfsige Abweichungen zeigen, so dafs der Unterschied, den man bei zwei benachbarten Molekülen wahrnimmt, sich bei allen andern auf dieselbe Weise wiederholt. Alle Körper einer und derselben Reihe gehören zu demselben Typus.

Die Familie umfafst alle diejenigen Körper, in deren Zusammensetzung ein gemeinsames Element eintritt, das Radical, welches in die verschiedensten Verbindungen übergehen kann. Diese Verbindungen gehören deshalb verschiedenen Typen an und sind mit unähnlichen Eigenschaften ausgestattet, obgleich sie alle denselben Kern enthalten.

In die Reihe des Alkohols ordnet man alle Körper zusammen, welche mit dem Alkohol gewisse Beziehungen in Zusammensetzung und Eigenschaften haben.

Man gruppirt in dieselbe Familie den Alkohol und alle Körper, welche das Radical des Alkohols, nämlich das Aethyl, enthalten. — Dies sind in wenigen Worten die Principien der Klassification, welche heute in der organischen Chemie in Gebrauch ist. Wie man sieht, tritt die Atomigkeit, d. h. die

Sättigungscapacität der Körper, als herrschendes Element in diesen Betrachtungen auf. Sie steht, wie wir oben gesehen haben, mit der Atomigkeit der Radicale, welche die Verbindungen enthalten, in Beziehung. Es bleibt noch übrig, die Ideen vorzutragen, welche über die Entstehungsweise dieser Radicale ausgesprochen wurden.

Durch die Entdeckung der mehrbasischen Säuren waren Unterschiede in der Sättigungscapacität der Säuren nachgewiesen; die Entdeckung der mehratomigen Alkohole hatte Unterschiede derselben Art in der Verbindungscapacität der Alkohole gezeigt. Es ist zweifelhaft, ob man aus diesen Thatsachen einen allgemeinen Begriff gezogen haben würde, wenn die Typentheorie nicht versucht hätte, die Unterschiede in den Verbindungscapacitäten von Säuren und Alkoholen auf entsprechende Abweichungen in der Sättigung der Radicale zurückzuführen, welche sie einschliefsen.

Man hat gesagt: das dreiatomige Glycerin schliefst ein Radical ein, welches dreiatomig ist, weil ihm 3 Atome Wasserstoff zu seiner Sättigung fehlen; der zweiatomige Glycol schliefst ein Radical ein, welches zweiatomig ist, weil ihm 2 Atome Wasserstoff zu seiner Sättigung fehlen.

Die Atomigkeit der Radicale, welche Wasserstoff und Kohlenstoff einschliefsen, war auf diese Weise zu ihrem Gehalt an Wasserstoff in Beziehung gesetzt, d. h. zu ihrem Sättigungsgrade in Bezug auf dieses Element. Dieser Satz, welcher zuerst von dem Verfasser in der Notiz auf S. 114 ausgesprochen wurde, ist von mehreren Chemikern weiter entwickelt worden. Es ist angemessen, denselben etwas ausführlicher auseinanderzusetzen.

1 Atom Kohlenstoff ist im Grubengas mit 4 Atomen Wasserstoff verbunden, und man ist bisher nicht im Stande gewesen, eine Verbindung von Kohlenstoff und Wasserstoff herzustellen, welche wasserstoffreicher ist. Das Grubengas ist nicht einzig in seiner Art, es ist das erste Glied einer Reihe von Kohlenwasserstoffen, welche alle mit Wasserstoff gesättigt sind, und die in ihrer Zusammensetzung ein regelmäfsiges Aufsteigen der Kohlenstoff- und Wasserstoffatome zeigen, so dafs

jedes derselben von seinen Nachbarn um 1 Atom Kohlenstoff und 2 Atome Wasserstoff abweicht.

Diese Reihe heifst die homologe Reihe des Grubengases. Ihre Glieder sind die wasserstoffreichsten unter der grofsen Anzahl von Kohlenwasserstoffen; sie sind damit gesättigt und können nicht mehr davon aufnehmen, und, was bemerkenswerth ist: sie sind ebenso unfähig, direct ein anderes Element aufzunehmen, wie sie unfähig sind, Wasserstoff zu fesseln. Damit ein anderer einfacher Körper, wie z. B. das Chlor, Platz in ihrem Molekül finden kann, mufs es damit beginnen, Wasserstoff auszutreiben. Mit einem Wort, diese gesättigten Kohlenwasserstoffe sind unfähig, direct in Verbindungen einzutreten: sie können sich nur durch Substitution verändern. Es scheint, dafs alle Affinitäten, welche dem Kohlenstoff innewohnen, durch diejenigen gesättigt sind, welche den Wasserstoffaffinitäten eigen sind, so dafs das Ganze gewissermafsen ein neutrales System bildet, und dieses nennt man einen gesättigten Kohlenwasserstoff.

Wenn man einem solchen Kohlenwasserstoff 1 Atom Wasserstoff entzieht, so bleiben die Affinitäten, welche den Kohlenstoffatomen innewohnen, nicht mehr befriedigt, und der Rest oder das unvollständige Molekül, welches von der gesättigten Verbindung durch 1 Atom Wasserstoff abweicht, wird genau die Sättigungscapacität kundgeben, welche diesem einem Atom Wasserstoff innewohnt. Dieser Rest ist fähig, sich mit 1 Atom Chlor zu verbinden, sich 1 Atom Wasserstoff zu substituiren. Er spielt mit einem Wort die Rolle eines einatomigen Radicals.

Wenn man einem gesättigten Kohlenwasserstoff 2 Atome Wasserstoff entzieht, so sucht der Rest des Moleküls die Affinitäten wiederzugewinnen, welche diesen 2 Atomen Wasserstoff innewohnen. Das unvollständige Molekül kann 2 Atome Wasserstoff oder 2 Atome Chlor fesseln oder sich für 2 Atome Wasserstoff oder Chlor substituiren. Das sind die Merkmale eines zweiatomigen Radicals.

Wenn endlich aus einem gesättigten Kohlenwasserstoff

3 Atome Wasserstoff fortgenommen werden, so wird derselbe dadurch in ein dreiatomiges Radical verwandelt u. s. w.

Nachdem einmal diese Principien für die Bildung von Kohlenwasserstoffradicalen aus gesättigten Kohlenwasserstoffen aufgestellt waren, war es leicht, dieselben auf alle zusammengesetzten Radicale der verschiedensten Natur anzuwenden. Man kann in der That jedes Radical zu einer gesättigten Verbindung in Beziehung setzen, aus der es sich durch den Verlust von einem oder mehreren Elementen ableitet, und der Grad seiner Atomigkeit wird genau durch die Gröfse dieses Verlustes bestimmt, welcher einer gröfseren oder kleineren Anzahl von Wasserstoffatomen entspricht. Auf diese Weise wird die Atomigkeit der Radicale auf ihren Sättigungszustand bezogen. Durch diesen wichtigen Fortschritt ist also zwischen den Functionen der Radicale und ihrer Zusammensetzung ein Zusammenhang festgestellt. Es bedurfte nur eines Schrittes weiter, um diesen Begriff der Sättigung auf die Elemente selbst zu übertragen.

Wie man sieht, hat sich der Begriff der Atomigkeit in historischer Ordnung allmählich, so zu sagen in drei Tagemärschen, in die Wissenschaft eingeführt.

Zuerst hat man die mehratomigen Verbindungen entdeckt.

Darauf hat man diese Mehratomigkeit zu dem Sättigungszustand ihrer Radicale in Beziehung gesetzt.

Endlich ist der Begriff der Sättigung auf die Elemente selbst ausgedehnt worden, den man zuerst auf die Radicale angewandt hatte, und aus dem ihre Atomigkeit sich ableitet.

Ebenso wie die zusammengesetzten Radicale sich durch ihre Sättigungscapacität von einander unterscheiden, sind in der That die Atome der einfachen Körper nicht alle in Bezug auf ihre Verbindungscapacität einander ähnlich. Es giebt Abstufungen in dieser Grundeigenschaft der Atome, und diese Abstufungen kennzeichnen sich als ihre Atomigkeit. Ein bestimmtes Metall vermag nicht mehr als 1 Atom Chlor aufzunehmen, ein anderes nimmt 2 auf, wieder ein anderes verbindet sich mit 3 Atomen Chlor, ein viertes verlangt 4 Atome, um ein gesättigtes Chlorid zu bilden. Diese ungleiche Fähigkeit der Metalle, sich mit Chlor zu verbinden, ist tief in der Natur ihrer Atome begründet, und aus diesem Grunde bezeichnet man sie mit dem Namen Atomigkeit.

Dieser theoretische Begriff beherrscht heute die ganze Wissenschaft, und es ist deshalb von Wichtigkeit, sorgfältig seinen Ursprung aufzusuchen und seine Entwicklung zu verfolgen.

III.

Wir wollen einen Augenblick auf die Typentheorie zurückgehen. Laurent hatte die metallischen Protoxyde und ihre Hydrate mit dem Wasser verglichen; Odling hat die Trioxyde und ihre Hydrate von mehreren Molekülen Wasser abgeleitet. Indem er sich an die Auffassung der wasserhaltigen Schwefelsäure erinnerte, wonach dieselbe von 2 Molekülen Wasser abgeleitet worden war, in welchen das Radical Sulphuryl 2 Atome Wasserstoff ersetzt, hat dieser geistreiche Freund Williamson's das Wismuthhydrat auf 3 Moleküle Wasser bezogen, in welchen das Metall Wismuth 3 Atome Wasserstoff ersetzt. Ein einziges Atom dieses Metalls wurde also 3 Atomen Wasserstoff äquivalent gesetzt, und dieser Substitutionswerth oder Verbindungswerth wurde bezeichnet, indem das Symbol oben mit drei Accenten versehen wurde.[1]) Diese Schreibweise Odling's ist

---

[1]) Es war dies im Jahre 1854. In demselben Jahre gelegentlich seiner Entdeckung der Thiacetsäure hat Kekulé auf den Unterschied zwischen Chlor und Schwefel aufmerksam gemacht, welcher zur Erscheinung kommt, wenn Chlorphosphor und wenn Schwefelphosphor auf Essigsäure einwirken. In dem letztern Falle entsteht Thiacetsäure $C_2H_3O.HS$; in dem ersteren aber Chlorwasserstoff und Chloracetyl, weil das Chlor nicht im Stande ist, die beiden Körper zusammenzuhalten: $C^2H^4O^2 + PCl^5 = C^2H^3OCl + HCl + PCl_3O$. „Es ist eben nicht nur ein Unterschied in der Schreibweise, sondern vielmehr wirkliche Thatsache, dafs die dem einen untheilbaren Atom Sauerstoff äquivalente Menge Chlor durch 2 theilbar ist, während der Schwefel wie der Sauerstoff

beibehalten und der Grundsatz, welcher durch dieselbe eingeführt ward, die Nicht-Aequivalenz der elementaren Atome, seitdem verallgemeinert worden.

Die Atome sind nicht äquivalent; sie zeigen unter sich eben solche Verschiedenheiten, wie die einbasischen, zweibasischen und dreibasischen Säuren. In einer Abhandlung vom Jahre 1855 hat der Verfasser der vorliegenden Schrift den Stickstoff und den Phosphor als dreibasische Elemente bezeichnet (Annales de Chimie et de Physique, 3° série, t. XLIV., p. 306) und gleichzeitig versucht, diese Verbindungscapacität durch die Annahme zu erklären, dafs jedes Atom dieser Elemente aus drei Unteratomen besteht, welche unzertrennlich mit einander verbunden sind, und von denen jedes 1 Atom Wasserstoff vertreten kann. Indem diese Vertretung in 3 Molekülen Wasser statt hat, bildet der Phosphor also ein Band zwischen diesen 3 Molekülen Wasser, die er so verkettet, dafs sie phosphorige Säure bilden. Auf diese Weise wurde nicht nur die Atomigkeit des Phosphors und des Stickstoffs klar ausgesprochen, sondern auch versucht, dieselbe durch eine Hypothese zu erklären, welche später von Anderen aufs neue ausgesprochen wurde.

Dies sind die Quellen der Theorie von der Atomigkeit der Elemente; aber einen entscheidenden Fortschritt machte dieselbe erst im Jahre 1858.

In einer wichtigen Abhandlung über die Radicale (Annalen der Chemie und Pharmacie, Bd. CVI., S. 129, 1858) hat Kekulé die Idee ausgesprochen, dafs der Kohlenstoff ein vieratomiges Element ist. Er wurde hierzu durch die Erkenntnifs geführt, dafs die einfachsten organischen Verbindungen immer auf 1 Atom Kohlenstoff eine Anzahl elementarer Atome enthalten, welche 4 Atomen Wasserstoff äquivalent ist: so im

---

selbst zweibasisch ist, so dafs 1 Atom desselben äquivalent ist 2 Atomen Chlor." Ann. d. Chem. u. Pharm., Bd. 90, pg. 314. (Anmerkung des Herausgebers.)

Grubengas, im Kohlenstoffperchlorid und allen dazwischenliegenden Verbindungen, welche gleichzeitig Wasserstoff und Chlor enthalten. Diese beiden Elemente sind einander äquivalent; sie ersetzen sich Atom für Atom. In den Verbindungen, von denen wir hier sprechen, ist ihre Summe immer gleich 4. Ebenso sind in der Kohlensäure die 2 Atome Sauerstoff, welche mit einem einzigen Atom Kohlenstoff verbunden sind, 4 Atomen Wasserstoff äquivalent, da jedes derselben die Fähigkeit hat, 2 Atome Wasserstoff aufzunehmen oder zu ersetzen. Aber, wird man einwenden, 1 Atom Kohlenstoff begnügt sich im Kohlenoxyd mit einem einzigen Atom Sauerstoff. Das ist allerdings wahr; aber dieser Körper ist ungesättigt. Die Verwandtschaftskraft, welche dem Kohlenstoffatom innewohnt, wird durch seine Verbindung mit 1 Sauerstoffatom nicht befriedigt. Das Kohlenoxyd kann deshalb direct entweder ein zweites Atom Sauerstoff aufnehmen und Kohlensäure bilden oder 2 Chloratome fesseln und in Chlorkohlenoxydgas übergehen.

In diesen beiden Verbindungen hat der Kohlenstoff seine Verwandtschaftskraft durch Aufnahme elementarer Atome erschöpft, deren Summe 4 Atomen Wasserstoff äquivalent ist. Er ist in ihnen gesättigt und damit vieratomig geworden. So kommt der Begriff der Sättigung ins Spiel, wenn es sich darum handelt, die Atomigkeit der Elemente zu bestimmen.

Derselbe Begriff kommt ebenso für eine andere Erwägung in Betracht, welche Kekulé in seiner oben erwähnten Abhandlung entwickelt hat.

In der Reihe der gesättigten Kohlenwasserstoffe ist die Zahl der Wasserstoffatome nur im ersten Glied, im Grubengas, welches ein einziges Kohlenstoffatom enthält, viermal so grofs als die Anzahl der Kohlenstoffatome. Woher kommt es, dafs in dem folgenden Gliede 2 Atome Kohlenstoff nur mit 6 und nicht mit 8 Atomen Wasserstoff verbunden sind? Kekulé erklärt diese Thatsache durch die Annahme, dafs jedes der beiden Kohlenstoffatome eine Atomigkeit verliert, indem sie sich mit einander verketten, mit einander verbinden. Nachdem sie so 2 Atomigkeiten gesättigt haben, behalten sie nur

6 von den 8 übrig, welche sie enthielten, und können deshalb nur 6 Atome Wasserstoff fesseln. Dieselbe Erscheinung wiederholt sich bei den folgenden Gliedern dieser Reihe, welche 3, 4, 5 Atome Kohlenstoff enthalten. Diese sind gleichsam zusammengeschweifst und bilden eine Kette, deren Ringe durch einen Theil ihrer Verbindungskraft zusammengehalten werden. Ein anderer Theil bleibt so zu sagen disponibel und wird dazu verwendet, andere Elemente anzuziehen und festzuhalten, die sich um die Kohlenstoffatome gruppiren. Die letzteren bilden den Kern der Verbindung, sein festes Gerüst; die Atome Wasserstoff, Chlor, Sauerstoff, welche sich daran anlagern, bilden eine Art Anhängsel.[1])

Diese Idee ist von grofser Bedeutung; denn sie erklärt die Complication der organischen Moleküle und ermöglicht es, sich von ihrer Structur Rechenschaft zu geben.[2]) Woher zeigen die Kohlenstoffatome diese eigenthümliche Neigung, sich in den organischen Molekülen in grofser Anzahl anzuhäufen? Weil sie die Eigenschaft besitzen, sich mit einander zu verbinben, zu verketten. Auf dieser wichtigen Eigenschaft beruht die Eigenthümlichkeit der zahllosen Kohlenstoffverbindungen und ihre Physiognomie, das eigentliche Wesen der organischen Chemie. Kein anderes Element besitzt dieselbe in gleichem Mafse. Allerdings kann der Wasserstoff sich mit sich selbst verbinden, wie Gerhardt erkannt hat; da aber ein Atom dieses Körpers durch seine Verbindung mit einem zweiten Atom seine Verbindungsfähigkeit erschöpft, so kann sich kein anderes Element an dieses Paar anlagern. Das Wasserstoffmolekül zeigt also die einfachste Form eines gesättigten Moleküls, indem es aus 2 Atomen besteht. Die mehratomigen Elemente allein können, nachdem sie einen Theil ihrer Verbindungsfähigkeit aufgewendet

---

[1]) Vgl. den Schlufs der Anmerkung auf S. 130.

[2]) Die Gerechtigkeit verlangt, zu erwähnen, dafs Couper ähnliche Ideen entwickelt hat, ohne Kenntnifs von den Vorschlägen Kekulé's gehabt zu haben, welche für die jüngste Entwicklung der organischen Chemie so aufserordentlich einflufsreich gewesen sind.

haben, um sich mit einander zu verketten, einen anderen Theil zurückbehalten, um andere Elemente zu fixiren: so die Kohlenstoffatome und die Sauerstoffatome. Die letzteren sind zweiatomig und können zu zweit ihre sämmtlichen Atomigkeiten austauschen. Man nimmt an, dafs dieses im freien Sauerstoff der Fall ist, welcher aus 2 Atomen besteht, die 2 Volume einnehmen, wenn 1 Atom Wasserstoff 1 Volum einnimmt. Diese 2 Atome, welche 4 Atomigkeiten besitzen, haben dieselben gegenseitig gebunden, indem sie zusammentreten. Ebenso gut, wie sie durch vollständige Bindung je 2 Atomigkeiten verlieren können, so können sie aber auch durch einfache Bindung nur eine einzige verlieren, und je 1 Atomigkeit zurückbehalten, die dazu dienen kann, 1 Atom Wasserstoff oder Chlor zu fixiren.

Wenn 2 Wasserstoffatome sich so an ein Paar von 2 Sauerstoffatomen anlagern, die unter sich durch den Austausch von je einer einzigen Atomigkeit verbunden sind, so entsteht das Wasserstoffperoxyd, welches aus 2 Atomen Sauerstoff und 2 Atomen Wasserstoff besteht. Durch Verbindungen von 2 Atomen Chlor mit diesem Paar von Sauerstoffatomen entsteht das Chlorperoxyd; durch Verbindung von 1 Atom Wasserstoff und 1 Atom Chlor die chlorige Säure.[1])

---

[1]) Der freie Sauerstoff besteht aus 2 Atomen Sauerstoff, die vermuthlich durch den Austausch ihrer beiden Atomigkeiten an einander hängen. Dieser Austausch ist in folgenden Formeln durch einfache oder doppelte Bindestriche angedeutet:
O=O, H-O-H, H-O-O-H, Cl-O-O-Cl, Cl-O-O-H, Cl-O-O-O-H.
Freier   Wasser. Wasserstoff- Chlorperoxyd. Chlorige   Chlorsäure.
Sauerstoff.   peroxyd.   Säure.

Hier sieht man, wie die Sauerstoffatome sich mit einander zu einer Kette verbinden können, an deren Enden eine einzige freie Atomigkeit durch ein einatomiges Element, wie Chlor oder Wasserstoff, gesättigt ist. Das nennt man eine „offene Kette".

Wenn alle mehratomigen Elemente der Kette unter einander verbunden sind, so heifst dieselbe eine „geschlossene". So verhalten sich gewisse Peroxyde und wahrscheinlich auch die wasserfreie Schwefelsäure, das schwefelsaure Baryum u. s. w.

Aus den eben vorgetragenen Betrachtungen kann man die molekulare Structur dieser Sauerstoffverbindungen leicht ableiten. Da die Sauerstoffatome in den Peroxyden des Wasserstoffs und des Chlors an einander gekettet sind, so ist jedes derselben natürlich mit 1 Atom Wasserstoff oder Chlor verbunden. Das sind die einfachen Beziehungen zwischen den Atomen dieser verhältnifsmäfsig einfachen Verbindungen. Diese Beziehungen bedingen die Structur des Moleküls. Man findet sie durch Deduction, indem man ausgeht von den beiden Anschauungen, dafs die Sauerstoffatome zweiatomig sind und dafs sie sich mit einander verketten können.

Aehnliche Data und ähnliche Schlüsse ermöglichen es, die Gruppirung der Atome in complicirteren Verbindungen, besonders in Verbindungen des Kohlenstoffs, d. h. also in den organischen Körpern, zu bestimmen.

Die gewöhnlichen Elemente dieser Verbindungen sind der Kohlenstoff, der Wasserstoff, der Sauerstoff und der Stickstoff. Indem die vieratomigen Kohlenstoffatome sich mit einander verketten und, wie wir es oben ausgedrückt haben, den Kern der Verbindung bilden, gruppiren sich die andern Ele-

$$\begin{array}{cccc} Ba=O & \overset{''}{Ba}\diagup\!\!\!\diagdown\!\!\!O\!-\!O & \overset{''}{S}\!-\!O \\ & & || & O-\overset{''}{S}-O \\ & & O-O & || \\ & & & O-Ba-O \\ \text{Baryumoxyd.} & \text{Baryum-} & \text{Schwefelsäure-} & \text{Baryumsulfat.} \\ & \text{peroxyd.} & \text{anhydrid.} & \end{array}$$

Bei dieser Schreibweise erkennt man die Atomigkeit eines Elementes an der Anzahl von Bindestrichen, welche sein Zeichen in der Formel umgeben.

Die folgenden Formeln, in welchen der Kohlenstoff vieratomig angenommen ist, zeigen die Constitution der dem Sumpfgas homologen gesättigten Kohlenwasserstoffe an:

$$\begin{array}{cccc}
\text{H} & \text{H H} & \text{H H H} & \text{H H H H} \\
| & |\ | & |\ |\ | & |\ |\ |\ | \\
\text{H-C-H} & \text{H-C-C-H} & \text{H-C-C-C-H} & \text{H-C-C-C-C-H} \text{ u. s. w.} \\
| & |\ | & |\ |\ | & |\ |\ |\ | \\
\text{H} & \text{H H} & \text{H H H} & \text{H H H H} \\
\text{Sumpfgas.} & \text{Aethyl-} & \text{Propyl-} & \text{Butylwasserstoff.} \\
& \text{wasserstoff.} & \text{wasserstoff.} &
\end{array}$$

mente von verschiedener Atomigkeit um jene ersteren, indem sie je nach ihren Atomigkeiten diejenigen sättigen, welche in der Kette der Kohlenstoffatome frei geblieben sind. In einem solchen System folgt die Gruppirung der Atome oft mit Nothwendigkeit aus ihrer Zahl und ihrer Natur. In den organischen Verbindungen, welche man gesättigt nennt, sind die Atomigkeiten nur unter der Bedingung befriedigt, dafs die Atome in bestimmter Weise gelagert sind. Der Sinn dieses Ausspruchs und seine Wichtigkeit möge an einem Beispiel näher gezeigt werden.

Man kennt ein Gas, welches aus 2 Atomen Kohlenstoff und 6 Atomen Wasserstoff besteht. Es gehört der Reihe von Kohlenwasserstoffen an, welche am reichsten an Wasserstoff sind. Die 2 Atome Kohlenstoff sind darin mit einander verkettet und haben jedes dadurch eine Atomigkeit verloren. Jedes derselben behält also 3 übrig und fixirt 3 Atome Wasserstoff. Es ist das also ein sehr einfaches System, da die 6 Wasserstoffatome darin symmetrisch um die Kohlenstoffatome gelagert sind. Das so constituirte Gas, der Aethylwasserstoff, ist gesättigt, da alle Atomigkeiten darin befriedigt sind. Es kann daher keine anderen Atome mehr fixiren, wohl aber sich durch Substitution verändern. So kann es 1 Atom Wasserstoff abgeben und 1 Atom eines anderen Elements aufnehmen, welches an die Stelle des ersteren tritt. Ist dies 1 Atom Chlor, so bildet sich eine gechlorte Verbindung, das Chloräthyl, welches ebenso wie der wasserstoffhaltige Körper, von dem es abstammt, gesättigt ist, da das Chloratom, welches sich angelagert hat, mit dem Wasserstoffatom, welcher austritt, gleichen Werth hat.[1]

---

[1]) Die folgenden Formeln zeigen die Beziehungen zwischen den Atomen im Aethylwasserstoff an:

$$\begin{array}{cccc} \text{H H} & \text{H H} & \text{H H} & \text{H H} \\ |\ | & |\ | & |\ | & |\ | \\ \text{H-C-C-H} & \text{H-C-C-Cl} & \text{H-C-C-OH} & \text{H-C-C-NH}^2 \\ |\ | & |\ | & |\ | & |\ | \\ \text{H H} & \text{H H} & \text{H H} & \text{H H} \\ \text{Aethylwasserstoff} & \text{Chloräthyl.} & \text{Aethylhydrat.} & \text{Aethylamin.} \\ \text{(gesättigter Kohlen-} & & & \\ \text{wasserstoff).} & & & \end{array}$$

Wenn 1 Atom Wasserstoff des Aethylwasserstoffs von 1 Atom Sauerstoff verdrängt wird, so wird sich dieses selbstverständlich mit einer seiner Atomigkeiten an das Kohlenstoffatom anlagern, an welchem das verdrängte Wasserstoffatom hing; da es jedoch 2 Atomigkeiten besitzt, bleibt eine derselben disponibel. Seine Neigung ist daher darauf gerichtet, ein anderes Atom zu fixiren, z. B. 1 Atom Wasserstoff, das es gewissermafsen in die Verbindung hineinzieht. Der Vorgang erscheint also, als ob 1 Atom Wasserstoff des Aethylwasserstoffs durch eine Gruppe ersetzt würde, welche aus 1 Atom Sauerstoff und 1 Atom Wasserstoff besteht. Diese Gruppe, die nichts anderes ist als Wasser, welches 1 Atom Wasserstoff verloren hat, wird heute Oxhydryl genannt; sie ist einatomig und kann 1 Atom Wasserstoff ersetzen.

Auf diese Weise wird der Aethylwasserstoff in Aethylhydrat d. i. Alkohol verwandelt. Die Rolle des Sauerstoffs ist hier leicht erklärlich: mit einer seiner Atomigkeiten an ein gewisses Kohlenatom gebunden, bindet er durch die andre 1 Atom Wasserstoff und vereinigt dasselbe mit dem Aethyl. Dieses ist der Kern, das angezogene Wasserstoffatom ein Anhang, das zweiatomige Sauerstoffatom das vermittelnde Glied, das auf der einen Seite mit dem Kern, auf der andern mit dem Anhang zusammenhängt.[1]) Das ist die Rolle des Sauerstoffs in dem Alkohol und die Vertheilung der Atome in diesem einfachen Molekül.

Durch ähnliche Raisonnements kann man die Beziehungen der Atome in complicirteren Derivaten des Aethylwasserstoffs erkennen. Wenn 1 Atom Wasserstoff in demselben durch 1 Atom Stickstoff vertreten wird, so hängt sich dieser mit einer seiner Atomigkeiten an das Kohlenstoffatom, mit welchem früher das Wasserstoffatom zusammenhing. Da aber das Stickstoffatom 3 Atomigkeiten besitzt, so sucht es andere Elemente, welche dieselben sättigen können, z. B. 2 Atome Wasserstoff, in die Verbindung hineinzuziehen. In der stickstoffhaltigen

---

[1]) Siehe die vorhergehende Anmerkung.

Verbindung, die Aethylamin genannt wird, bildet so der Stickstoff das vermittelnde Glied zwischen dem Rest Aethyl und den zwei annectirten Wasserstoffatomen.[1])

Das ist im Allgemeinen die Rolle der mehratomigen Elemente in den organischen Verbindungen. Sie hängen in der Kette von Kohlenstoffatomen mit einem derselben zusammen und führen in ihrem Gefolge andere Elemente darin ein, welche im Stande sind, die frei gebliebenen Atomigkeiten zu sättigen. Auf diese Weise können der Sauerstoff, der Stickstoff und der Kohlenstoff selbst als vermittelnde Glieder dienen, um den Rest eines Moleküls, wie das Aethyl und die annectirten Moleküle, oder auch zwei Reste, zwei Trümmer von Molekülen, mit einander zu verschweifsen. Auf diese Weise wachsen die organischen Moleküle nicht nur, indem sich Kohlenstoff an Kohlenstoff hängt, sondern auch, indem Sauerstoff oder Stickstoff sich mit einander oder auch mit dem Kohlenstoff verketten, und indem alle diese mehratomigen Elemente ein kleineres oder gröfseres Gefolge von Atomen mit sich ziehen.

Wir wollen in diesen Entwicklungen hier innehalten, da sie hinreichen, um die Wichtigkeit des Begriffs von der Atomigkeit der Elemente für die Lösung einer der bedeutendsten Fragen der Chemie, nämlich die von der Constitution der organischen Verbindungen, zu beweisen.

Indem wir von der Anschauung ausgehen, dafs die vier Elemente: Kohlenstoff, Stickstoff, Sauerstoff und Wasserstoff in ihrer Verbindungscapacität wie die Zahlen 4, 3, 2, 1 von einander abweichen, und hiermit die Kenntnisse verbinden, welche die Reactionen einer Verbindung uns liefern, können wir in sehr vielen Fällen die Gruppirung dieser Elemente in dem zusammengesetzten Körper bestimmen.

Was that man früher, um die Constitution einer Verbindung festzustellen und sie durch eine rationelle Formel auszudrücken? Man studirte ihre Metamorphosen und suchte in die Gruppirung der Atome dadurch einzudringen, dafs man die

---

[1]) Siehe die Anmerkung auf S. 131.

verschiedenen Stellungen verfolgte, in welche sie durch die Verwandlungen des Moleküls gerathen. Diese Aufgabe erschien schwer, weil das Mittel zu ihrer Lösung nicht ausreichte. Erinnern wir uns in dieser Beziehung an die Meinung Gerhardt's: es sei vergeblich, rationelle Formeln zu construiren, denn die Körper hätten für jede ihrer Reactionen eine andre. Dieser Ausspruch war zu absolut, und sein Urheber hat ihn selbst am Ende seiner kurzen und so glänzenden Laufbahn verbessert. War doch er es, der die elegantesten aller rationellen Formeln, die typischen Formeln, eingeführt hat.

Er hat dieselben durch das Studium der Metamorphosen begründet. Ohne Zweifel würde er heute dafür die Inductionen zu Hilfe rufen, welche sich aus der Atomigkeit der Elemente ergeben. Denn so, wie das Studium der Reactionen Daten für die Dynamik der Atome liefert, so liefert die Betrachtung ihrer Verbindungscapacitäten Elemente für die Statik der Moleküle. Wir haben hier zwei Methoden, von denen die eine die andre ergänzt und controlirt.

Wie verfährt man heute, und wie sind wir oben verfahren? Um die Beziehungen zwischen den Atomen einiger Aethylverbindungen zu bestimmen, haben wir die Angriffspunkte der Verwandtschaft für die mehratomigen Elemente, Kohlenstoff, Stickstoff und Sauerstoff, aufgesucht.

Die Gegenwart dieser Elemente in einer gesättigten organischen Verbindung führt in Bezug auf die Anordnungen des Moleküls zu Ansichten, welche durch die Betrachtungen über die Bildungsweise und die Metamorphosen dieser Verbindung unterstützt werden. Der synthetische Procefs, dessen wir uns bedient haben, ist auf viele Fälle anwendbar und liefert Resultate, die Vertrauen verdienen, wenn man mit ihm die analytischen Ergebnisse des Studiums der Reactionen verbindet.

Dieser wichtige Fortschritt fliefst aus der grofsen Idee, welche Kekulé und Couper ausgesprochen haben.[1] Nachdem

---

[1] Unter den Chemikern, welche am meisten zur Entwicklung der Grundsätze herbeigetragen haben, deren man sich heute zur Bestim-

die Betrachtungen über die Atomigkeit somit auf das Studium der atomistischen Constitution, der inneren Structur, der Moleküle angewandt worden, konnten die Chemiker in vielen Fällen die Auslegung von Erscheinungen versuchen, welche vorher jeder Erklärung entgangen waren, nämlich die überaus zahlreichen Fälle der Isomerie. Die Verschiedenheit in den Eigenschaften zweier oder mehrerer Körper, welche dieselbe Zusammensetzung haben, wurde immer in der verschiedenen Anordnung ihrer Atome gesucht, ohne dafs man in dieser Beziehung etwas Bestimmtes festsetzen konnte. Man geht heute weiter, und ohne für jedes Atom seinen absoluten Platz im Raum feststellen zu wollen, gelangt man oft dahin, seine Beziehungen zu den anderen Atomen zu bestimmen und damit die Structur des Moleküls zu entdecken. Wenn man zwei Körper von verschiedenen Eigenschaften betrachtet, welche dieselben Atome in gleicher Anzahl enthalten, so kann man ihre Atome verschieden gruppiren und so mit denselben Bausteinen zwei Moleküle von verschiedener Gestalt aufbauen. Diese Verschiedenheiten in ihrer Structur erklären die Verschiedenheiten in ihren Eigenschaften, und so beschränkt man sich nicht mehr darauf, die Isomerie zu constatiren, sondern gelangt dahin, ihre Ursache zu erklären.

IV.

Wir wollen hier innehalten, um das erreichte Ziel näher zu bezeichnen.

Durch Erfahrung war die Thatsache festgestellt, dafs die Moleküle der Basen, Säuren und Alkohole einander nicht alle in Bezug auf ihre Verbindungscapacität äquivalent sind. Die Theorie hat die Erklärung dieser Thatsache in dem Sättigungszustande der Radicale gesucht und den Begriff der Sättigung von den Radicalen auf die Elemente selbst übertragen.

---

mung der Constitution organischer Verbindungen bedient, sind besonders noch Butlerow und Erlenmeyer zu nennen. Der bezeichnende Ausdruck „molekulare Structur" rührt von dem Ersteren her.

Die Atome der einfachen Körper bringen in die Verbindungen, in welche sie eintreten, die Neigung zur Befriedigung ihrer Verbindungscapacität mit, die sie in verschiedenen Graden besitzen. Gewöhnlich tritt die Verwandtschaft zwischen verschiedenartigen Atomen auf; aber sie kann auch zwischen Atomen derselben Art wirken. So besitzen die Kohlenstoffatome eine gewisse Verwandtschaft zu einander, und diese Eigenschaft, welche sie übrigens mit anderen Elementen theilen, erklärt die Complicirtheit der organischen Moleküle, während die Ungleichheit in der Sättigungscapacität der Elemente die Structur dieser Moleküle zur Folge hat. So ist die Entwicklung der Atomigkeitstheorie fortgeschritten; und die Erklärung der Constitution der organischen Verbindungen, die Deutung sehr vieler Isomeriefälle, die Begründung eines Systems rationeller Formeln auf die Reactionen der Verbindungen und auf eine Grundeigenschaft ihrer Atome, das alles sind Resultate, welche wir ihr verdanken.

Damit nicht genug, hat sie das schon so weite Gesichtsfeld noch vergrößert und durch ihre Fortentwicklung den Bund zwischen der organischen Chemie und der Mineralchemie, welchen tüchtige Köpfe vorgefühlt und ausgesprochen hatten, fest geknüpft, indem sie auch in die unorganische Chemie eindrang.

Die Grundeigenschaft einer mehrfachen Verbindungscapacität gehört nicht nur den Atomen des Kohlenstoffs, des Stickstoffs und des Sauerstoffs an, welche nebst dem Wasserstoff die gewöhnlichen Elemente der organischen Natur bilden, sondern sie findet sich auch bei andern Atomen wieder.

Bekanntlich sind die einfachen Körper, die man Metalloide genannt hat, um sie von den Metallen zu unterscheiden, in Familien eingetheilt worden. Bei diesem Versuch einer Klassification hat Dumas auf die natürlichen Verwandtschaften Rücksicht genommen, welche sich in den atomistischen Formeln der Verbindungen offenbaren. Er hat das Chlor, das Brom und das Jod in eine Familie vereinigt, weil sie sich zu je einem Atom mit Wasserstoff verbinden. Der Sauerstoff, der

Schwefel, das Selen und das Tellur bilden eine andere Familie, weil sie in ihren Verbindungen mit Wasserstoff für je eines ihrer Atome 2 Atome Wasserstoff aufnehmen. Der Stickstoff vertritt eine dritte Familie, die den Phosphor, das Arsen und das Antimon einschliefst, welche sich alle mit Wasserstoff in dem Verhältnifs von 2 Atomen zu 1, 3 oder 5 Atomen dieses Gases verbinden. Wie man sieht, fufst also dieser Versuch einer Klassification auf der Verbindungscapacität der Elemente. In der That hat Dumas die Metalloide nach ihrer Atomigkeit geordnet.

Wie aber verhalten sich die Metalle? Stimmen sie alle in Bezug auf ihre Sättigungscapacität überein? Mufs man noch heute mit Gerhardt annehmen, dafs sie alle den Wasserstoff Atom für Atom vertreten können, und dafs ihre Protoxyde die Constitution des Wassers besitzen, also 2 Atome Metall auf 1 Atom Sauerstoff enthalten? Eine solche Annahme ist heute unmöglich. Die Metalle weichen eben so sehr durch ihre Sättigungscapacität von einander ab, wie die Metalloide, und man kann sie nach den Graden ihrer Atomigkeit ordnen.

Die Alkalimetalle, wie das Kalium, das Natrium u. s. w., denen man das Silber anreiht, zeigen dieselbe Verbindungscapacität, wie der Wasserstoff selbst. Sie sind ebenso wie dieser unfähig, mehr als 1 Atom Chlor oder Brom zu fesseln. 1 Atom Sauerstoff ist für sie zuviel; sie müssen zu zweien sein, um es zu sättigen; ihre Protoxyde und ihre Hydrate sind also dem Wasser vergleichbar und zeigen dieselbe atomistische Constitution wie das letztere. Diese Metalle sind einatomig.

Aber das Calcium, das Baryum, das Strontium, das Blei und viele andere nehmen 2 Atome Chlor, nicht weniger, auf, um sich zu sättigen. Sie repräsentiren zweiatomige Metalle, so wie der Sauerstoff die zweiatomigen Metalloide repräsentirt. Diese Idee der zweiatomigen Metalle wurde zuerst im Jahre 1858 von Cannizzaro ausgesprochen und auf physikalische Data begründet, während Wurtz sie mit chemischen Gründen unterstützte. Unter letzteren erwähnen wir vor allen die Analogie dieser Metalle mit den zweiatomigen Radicalen, z. B.

dem Aethylen, mit welchem die Functionen, die sie in den Verbindungen ausüben, übereinstimmen. Ohne weiter auf diesen Gegenstand einzugehen, heben wir nur hervor, dafs Cannizzaro für diese Metalle ein doppelt so grofses Atomgewicht angenommen hat, als es Gerhardt ihnen beigelegt hatte. Durch diese Neuerung wurden bedeutende Veränderungen in der Schreibweise dieses Chemikers herbeigeführt. In der That entstand so ein neues System von Atomgewichten, welches sich in vollkommenem Einklang mit den bereits erwähnten physikalischen Grundlagen befindet. Diese sind den Gesetzen entnommen, welche früher von Dulong und Petit und von Avogadro und Ampère entdeckt wurden.

Das Gesetz von Dulong und Petit kann so ausgedrückt werden: Die Atome der einfachen Körper besitzen alle dieselbe specifische Wärme. Es ist nur richtig, wenn man das Atomgewicht einer gewissen Anzahl unter ihnen verdoppelt. Daher erscheint die Annahme dieser verdoppelten Atomgewichte als berechtigt, weil dadurch auf sämmtliche Metalle ein so einfaches und allgemeines Gesetz ausgedehnt wird. Dasselbe hat in der That Allgemeingiltigkeit; denn die drei oder vier Ausnahmen, die man nachgewiesen hat, beziehen sich auf Elemente, welche die eigenthümliche Erscheinung der Allotropie zeigen, d. h., deren Theilchen verschiedene Modificationen, verschiedene physikalische Zustände annehmen, in verschiedene Stellungen zu einander treten können. So verhalten sich der Kohlenstoff, das Bor und das Silicium. Mufs man nicht annehmen, dafs im Diamant z. B. die Kohlenstofftheilchen eine andere Lagerung haben als in der Holzkohle, und kann nicht, wenn ein solcher Körper dem Einflufs der Wärme ausgesetzt wird, zwischen seinen Theilchen eine Bewegung, eine innere Arbeit vorgehen, welche entweder Wärme entwickelt oder absorbirt? Eben diese durch innere Arbeit entwickelte oder absorbirte Wärmemenge erklärt die Ausnahmen und kleinen Ungenauigkeiten, welche das Gesetz von Dulong und Petit aufweist.

Wir können daher den Schlufs ziehen, dafs dasselbe allgemeine Giltigkeit hat und ein wichtiges Mittel zur Controle der Atomgewichtsbestimmungen darbietet; denn offenbar mufs von zwei Zahlen, von denen die eine ein Vielfaches der andern ist, und welche beide in gleicher Weise den chemischen Thatsachen entsprechen, diejenige vorgezogen werden, welche mit dem Gesetz von der specifischen Wärme im Einklange steht. Das ist für die erwähnten Metalle geschehen.

Die Atomgewichte, welche somit aus dem Gesetz von Dulong und Petit abgeleitet worden sind, fallen mit den „Wärmeäquivalenten" von Regnault zusammen. Es sind die Gewichtsmengen, welche durch Absorption derselben Wärmemenge dieselben Temperaturerhöhungen erfahren, und die in Bezug auf diesen Wärmeeffect also mit einander äquivalent sind.

Die Hypothese von Avogadro und Ampère haben wir bereits auseinandergesetzt. Sie beruht auf den Beziehungen, welche Gay-Lussac zwischen den Dichtigkeiten und den Molekulargewichten der Gase und Dämpfe entdeckt hat. Man kann dieselbe so ausdrücken: Wenn 1 Atom Wasserstoff 1 Volum einnimmt, so nehmen die Moleküle aller Körper im Gaszustand 2 Volume ein. Das Gewicht dieser 2 Volume drückt also aus das Gewicht eines Moleküls, bezogen auf das Gewicht von 1 Volum Wasserstoff als Einheit. Aber diese relativen Gewichte sind nichts anderes als die Dichtigkeiten, wenn auch diese auf Wasserstoff als Einheit bezogen werden. Mit andern Worten: wenn man die Dichtigkeiten aller Gase und Dämpfe auf Wasserstoff bezieht, so drücken die doppelten Dichtigkeiten dieser Gase und Dämpfe ihr Molekulargewicht aus. Daraus folgt ein sehr einfaches Mittel, um die relativen Gewichte der Atome zu bestimmen oder zu controliren. Das heute geltende System der Atomgewichte befindet sich mit diesem einfachen Gesetz in Einklang; besonders folgen auch die verdoppelten Atomgewichte, welche vielen Metallen wegen ihrer specifischen Wärme beigelegt worden sind, aus den Molekulargewichten ihrer flüchtigen Verbindungen.

Das Gesetz von Avogadro und Ampère ist einer Beschränkung unterworfen, welche zu wichtigen Folgerungen führt. Man kennt eine gewisse Anzahl Körper, welche von ihm abzuweichen scheinen. Ihre Moleküle nehmen im dampfförmigen Zustande nicht 2, sondern 4 Volume ein, so dafs ihre doppelte Dampfdichte einem Gewicht entspricht, welches nur der Hälfte ihres wirklichen Molekulargewichtes gleich ist. Ein Beispiel wird dies Verhalten erklären:

Alle Betrachtungen führen zu der Annahme, dafs der Salmiak aus 1 Molekül Salzsäure und 1 Molekül Ammoniakgas besteht. Die beiden Bestandtheile treten mit allen ihren Elementen zu einem complicirteren Molekül zusammen. Wenn die Verbindung stabil genug wäre, um bei der Temperatur erhalten zu bleiben, bei welcher der Salmiak in Dampf übergeht, so müfste sein Dampf 2 Volume für jedes Molekül einnehmen. Er nimmt aber 4 Volume ein; und ebenso verhalten sich nicht nur alle Verbindungen, die dem Chlorhydrat des Ammoniaks analog sind, sondern auch das Jodhydrat des Phosphorwasserstoffs, das Perchlorid des Phosphors, die gewässerte Schwefelsäure und andere Verbindungen. Die Ausnahmen vom Gesetz Avogadro's und Ampère's sind also ziemlich zahlreich. Man hat sie häufig benutzt, um dies Gesetz anzugreifen, und sie würden die Anhänger desselben in Verlegenheit setzen, wären sie nicht einer sehr einfachen Erklärung fähig, welche ihnen jede Beweiskraft nimmt. Es wird nämlich durch nichts dargethan, dafs diese Verbindungen wirklich im Dampfzustand existiren können, ohne eine mehr oder weniger vollständige Zersetzung zu erleiden; ihr Siedepunkt ist meistens hoch genug, um diese Annahme sehr wahrscheinlich zu machen.

Wir wollen auf das vorher angeführte Beispiel, den Salmiak, zurückgehen. Wenn man die Elemente dieses Salzes bei gewöhnlicher Temperatur zusammenbringt, so vereinigen sie sich allerdings unter lebhafter Wärmeentwicklung. Unter diesen Bedingungen ist die Verwandtschaft der Salzsäure zum Ammoniak sehr stark. Sie ist dagegen viel schwächer, und die Gase vereinigen sich nur zum geringern Theil, wenn man sie, wie H. Sainte-Claire Deville gethan hat, bei der hohen Temperatur zusammenführt, bei welcher das Quecksilber ins Sieden geräth.

Bei dieser Temperatur bleibt der gröfsere Theil der Gase unverbunden und einfach mit einander gemischt. Nun kann man aber den Salmiak nur bei hohen Temperaturen in Dampf überführen und als Dampf wägen, Temperaturen, bei denen die Verwandtschaft der beiden Gase, aus welchen er besteht, sehr geschwächt ist, und bei denen diese im festen Salmiak verbundenen Gase sich deshalb trennen und wieder eine gesonderte Existenz annehmen. Unter diesen Bedingungen wird 1 Molekül Salmiak, welches 2 Volume Dampf einnehmen müfste, wenn es unverletzt wäre, gänzlich oder doch beinahe in 2 andere Moleküle zerlegt, welche einfach gemischt bleiben, indem jedes von ihnen zwei Dampfvolume einnimmt. Also nicht das Salmiakmolekül nimmt 4 Volume Dampf ein, sondern die Producte seiner Zersetzung durch die Wärme. Alles führt zu der Annahme, dafs die Moleküle der übrigen Körper, welche oben als Ausnahmen von dem Gesetz Avogadro's und Ampère's bezeichnet worden sind, durch die Wärme ähnliche Zersetzungen erleiden wie das Salmiakmolekül. Sie werden je nach der Temperatur mehr oder weniger vollständig in die Moleküle zerlegt, aus welchen sie bestehen, und die dann einen doppelt so grofsen Raum erfüllen, als das complicirtere Molekül einnehmen sollte, wenn es nicht zersetzt wäre.

Aber, kann man einwenden, woher kommt es, dafs man von dieser Zersetzung keine Spur mehr vorfindet, wenn der Dampf aufs neue condensirt und der Körper zur gewöhnlichen Temperatur zurückgekehrt ist? In dem Ballon, in welchem der Salmiak in Dampf übergeführt und dieser Dampf zersetzt wurde, findet man nach der Condensation nur unveränderten Salmiak. Das kann in der That nicht anders sein. Wenn die Temperatur sinkt, so üben die von einander getrennten Elemente des Ammoniakchlorhydrats aufs neue ihre Verwandtschaft zu einander aus und setzen das Molekül dieses Salzes vollständig wieder zusammen, so dafs von der vorübergehenden Zersetzung, welche es erlitten hatte, keine Spur übrig bleibt.

Einer der besten Beweise für diese Erklärung ist aus der

Dampfdichte des Amylenbromhydrats abgeleitet worden. Die Verbindung des Kohlenwasserstoffs Amylen mit Bromwasserstoffsäure ist flüssig. Bei einer Temperatur, die ihren Siedepunkt nur wenig übersteigt, zeigt diese Verbindung eine Dampfdichte, die man normal nennen kann, weil sie 2 Volumen Dampf für 1 Molekül entspricht. Der Dampf bleibt bei dieser Temperatur unversehrt; wenn man ihn dagegen erhitzt, so erleidet er eine mehr oder weniger vollständige Zersetzung, je nachdem die zugeführte Wärme höher oder niedriger ist. Analog dem Salmiak zersetzt er sich in seine Elemente, Bromwasserstoffsäure und Amylen. Aber diese Zersetzung geht allmählich vor sich; sie findet nicht bei einem bestimmten Temperaturgrad statt, sondern zwischen ziemlich weiten Temperaturgrenzen, so dafs der Dampf, der bei einem bestimmten Grade unversehrt ist, bei höheren Temperaturgraden mit mehr und weniger Zersetzungsproducten gemischt wird, bis endlich bei einer noch höheren Temperatur die Zersetzung vollständig geworden ist. In diesem Augenblick ist die Dampfdichte auf die Hälfte der ursprünglichen Zahl herabgesunken. Soll man daraus schliefsen, dafs das Amylenbromhydrat 2 Dampfdichten besitzt? Das kann offenbar nicht der Fall sein, und es ist nur natürlich, als seine wirkliche Dampfdichte diejenige anzunehmen, welche bei einer so niedrigen Temperatur genommen wird, dafs man bei ihr das Molekül noch als unversehrt voraussetzen kann. Wenn nun diese Dichte mit der Temperatur abnimmt, so erklärt sich das aus der zersetzenden Wirkung der Wärme auf den betreffenden Dampf.

Man hat daher Ursache, zu glauben, dafs die andern Ausnahmen von dem Gesetze Avogadro's und Ampère's durch analoge Gründe bestimmt sind, und dafs dieses Gesetz, eine der Grundlagen der modernen Chemie, ganz allgemein giltig ist. Dabei ist nicht zu übersehen, dafs es in so zahlreichen Fällen richtig befunden wurde, dafs die entgegenstehenden Thatsachen unstreitig den Charakter von Ausnahmen annehmen und grade deshalb eine ernste Untersuchung verlangen. Die Erklärung, welche ihnen zu Theil ward, und die heute von den meisten Chemikern angenommen wird, stimmt übrigens mit den gangbaren Ideen über die Verwandtschaft vollkommen überein. Wenn 2 Moleküle, deren jedes im gasförmigen Zustand bestehen kann, durch Affinität zu einem complicirteren Molekül vereinigt sind, so kann es sein, daſs der Kochpunkt des letzteren so niedrig liegt, daſs die Wärme, welche zugeführt werden muſs, um es in Dampf überzuführen, den beiden ursprünglichen Molekülen nicht die Wärmemenge ersetzt, welche sie durch ihre Vereinigung verloren haben. In diesem Falle bleiben sie verbunden. Aber kann man erwarten, daſs es immer so sein muſs? Kann nicht vielmehr die Verwandtschaft zweier Körper zu einander so schwach oder ihre Verbindung so wenig flüchtig sein, daſs der Wärmegrad, bei welchem sie sich zersetzen, unterhalb ihres Siedepunktes liegt? Das tritt eben in der Mehrzahl der Fälle ein, die wir angedeutet haben. Es ist sicher, daſs sehr viele chemischen Moleküle unfähig sind, den gasförmigen Aggregatzustand anzunehmen, ohne dabei eine mehr oder weniger vollständige Zersetzung zu erleiden.

Sehr wichtig ist es, den Gang dieser Zersetzung zu studiren.

Die Erscheinung ist einfach genug, wenn die Producte nach ihrer Trennung von einander sich nicht durch eine umgekehrte Reaction wieder vereinigen und die Verbindung wiederherstellen, welche eben zersetzt worden ist. Nehmen wir an, der Körper sei fest, und seine Zersetzungsproducte könnten sich frei entwickeln. Alle Moleküle, welche die Masse des sich zersetzenden Körpers constituiren, sind in diesem Falle während der ganzen Dauer der Erscheinung denselben Bedingungen unterworfen. Sie werden alle auf gleiche Weise von der Wärme angegriffen, alle bei derselben Temperatur zersetzt, sobald die Wärmemenge, welche an sie herantritt, ihren Elementen die lebendige Kraft zurückgegeben hat, welche sie durch ihre Verbindung verloren hatten. Unter diesen Bedingungen wird die Zersetzung bei einer bestimmten festen Temperatur zu Ende geführt.

Anders verhält es sich, wenn die Zersetzungsproducte, die

mit der sich zersetzenden Verbindung gemischt sind, aufs neue an einander treten können, um den ursprünglichen Körper wiederherzustellen. Der Tendenz dieses Körpers, sich unter dem Einfluſs der Wärme zu zerlegen oder sich zu dissociiren, um uns Henri Sainte-Claire Deville's glücklicher Ausdrucksweise zu bedienen, wird dann die Wage gehalten durch die entgegengesetzte Tendenz der in Freiheit gesetzten Elemente, sich unter dem Einfluſs der Verwandtschaft aufs neue zu verbinden. Es tritt demnach eine Art von mobilem Gleichgewicht ein zwischen den unangegriffenen Molekülen der ursprünglichen Verbindung und ihren Zersetzungsproducten, die dahin streben, sich aufs neue zu vereinigen. In dem Verhältnisse, in dem die Masse der letzteren in dem Gemenge wächst, nimmt auch die Summe der Verwandtschaftskräfte zu, und um die wachsende Neigung zur Wiedervereinigung zu bekämpfen, muſs man den noch unangegriffenen Molekülen, um sie zu zersetzen, um so gröſsere Wärmemengen zuführen. In diesem Fall ist die Zersetzung also eine continuirliche Erscheinung, die nicht bei einem bestimmten Wärmegrad, sondern zwischen Temperaturgrenzen zu Ende geführt wird. Sie ist es, die man heute als Dissociation bezeichnet. Die schönen Versuche Henri Sainte-Claire Deville's sind bekannt und sollen deshalb hier nur erwähnt werden. Die Thatsachen, von denen die Rede ist, sind nicht isolirt in der Wissenschaft und stehen mit anderen Aeuſserungen der Verwandtschaft in naher Beziehung, besonders mit den einander entgegengesetzten Reactionen, welche durch Massenwirkung hervorgebracht werden, und die früher von Berthollet studirt worden sind.

Bei allen diesen Erscheinungen kommt die Verwandtschaft ins Spiel, und ohne mit der Natur dieser Kraft völlig vertraut zu sein, kennt man wenigstens ihre Beziehungen zur Wärme. Wir wissen, daſs die Verwandtschaft nicht ohne Wärmeentwicklung aufgehoben, nicht ohne Wärmeabsorption wiederhergestellt werden kann. Es besteht also eine wechselseitige Beziehung zwischen diesen beiden Kräften, und man kann deshalb die eine benutzen, um die andere daran

DIE HEUTIGEN THEORIEN.

zu messen. Man nimmt an, dafs die chemische Kraft ihren Sitz in den Atomen der Körper hat, dafs sie vielleicht in einer besondern Art von Bewegung dieser Atome besteht. Von letzterer wissen wir nichts; wohl aber wissen wir, dafs diese Kraft dadurch, dafs die Atome, in welchen sie ihren Sitz hat, sich treffen und sich vereinigen, nicht zerstört wird. Die Verwandtschaft erlischt durch diese Vereinigung; sie ist, wenigstens theilweise, befriedigt, aber die Kraftmenge, welche den Atomen auf diese Weise entzogen wird, wird keineswegs vernichtet. Sie tritt vielmehr in dem Augenblick der Vereinigung als Wärme auf, und die Intensität der entwickelten Wärme ist das Mafs für die Gröfse der Verwandtschaft.

Existiren nun für diese Kraft keine anderen Unterschiede, als in der Stärke, mit welcher sie auftritt? Wirkt sie gleichmäfsig auf alle Atome, verschieden nur in ihrer Intensität, so wie die Schwerkraft ohne Unterschied alle Körper nach denselben Gesetzen beherrscht? Keineswegs; die chemische Kraft ist complicirterer Art, sie hat eine Eigenthümlichkeit, die von ihrer Intensität selbst unabhängig zu sein scheint: nämlich die wählerische Wirkungsweise, welche schon Bergmann studirte und definirte, lange bevor die Chemiker die Existenz von Atomen annahmen, deren Eigenschaft sie ist. Woher kommt es, dafs das Chlor, welches eine so kräftige Verwandtschaft zum Wasserstoff besitzt, jedes seiner Atome nur mit einem einzigen Atom dieses Körpers verbinden kann, während der Stickstoff sich mit 3 Atomen Wasserstoff vereinigt? Woher vermag der Phosphor, welcher dem Arsenik so nahe steht und sich wie dieses mit 3 Atomen Wasserstoff oder mit 3 Atomen Chlor vereinigen kann, im Phosphorperchlorid bis zu 5 Atomen Chlor aufzunehmen? Die Atome der einfachen Körper sind nicht gleichartig. Abgesehen von den Unterschieden ihrer relativen Massen und der denselben innewohnenden Kräfte, läfst sich vermuthen, dafs sie auch in der Form, in der Bewegung und in der Structur von einander abweichen und sich deshalb nicht auf gleiche Weise einander anpassen können. Hierin liegt offenbar eine der Bedingungen, von welchen die sogenannte Wahlverwandtschaft der Atome und ihre ungleichen Verbindungscapacitäten abhängen.

Hiermit wären wir auf den Begriff der Atomigkeit zurückgekommen. Wir treffen dieselbe hier an der eigentlichen Basis der Wissenschaft wieder und erkennen in ihr eine der Erscheinungsformen der chemischen Kraft. Jedes Atom bringt in seine Verbindungen zweierlei mit: einmal eine bestimmte Kraftmenge und dann die Fähigkeit, dieselbe auf besondere Weise zu verwenden, indem es andre Atome anzieht, aber nicht ohne Unterschied alle, sondern nur bestimmte Atome und diese in bestimmter Anzahl.

Die Atome weichen also nicht nur durch die Gröfse ihrer Verwandtschaftskräfte von einander ab, sondern auch durch ihre Verbindungscapacität, die Fähigkeit, eine bestimmte Anzahl anderer Atome auszuwählen, welche ihrer speciellen Natur entsprechen, um sich mit ihnen zu dem, was man eine Verbindung nennt, zu vereinigen. Das bezeichnen wir als ihre Atomigkeit.

Diese Grundeigenschaft bestimmt die Art der Verbindungen, ihre Stufen und ihre Grenzen. Sie ist es, die in dem Gesetz der multiplen Proportionen zur Erscheinung kommt; von ihr hängt die Thatsache ab, die wir als Sättigung bezeichnen; sie bestimmt die Functionen der unvollständig gesättigten Gruppen, welche man Radicale nennt, und sie erklärt den tiefen Sinn, welcher der Idee der Typen zu Grunde liegt.

Aus welchem andern Grund hat man den Typus Wasser aufgestellt, als weil es ein zweiatomiges Element Sauerstoff giebt? Worauf ist der Typus Ammoniak begründet, als auf der Existenz des dreiatomigen Elements Stickstoff?

Wir haben oben gesehen, wie diese Grundeigenschaft der Atome in den Betrachtungen über die atomistische Constitution der Körper zur Geltung kommt; wie die Tendenz der Atome, sich zu sättigen, gewissermafsen die Angriffspunkte der Verwandtschaft und die gegenseitigen Beziehungen der Atome in den Verbindungen bestimmt. Um die Tragweite und Fruchtbarkeit dieses Begriffs der Atomigkeit noch durch eine weitere

Entwicklung darzulegen, wollen wir schliefslich nachweisen, in welcher Art durch ihn die chemischen Reactionen aufgeklärt werden.

V.

Allgemein aufgefafst und abgesehen von den Erscheinungen der Isomerie, kommt jede Reaction unter eine der folgenden drei Rubriken.

Sie ist entweder Bildung einer Verbindung durch Addition von Atomen oder Molekülen;

oder Zersetzung eines complicirten Moleküls in einfachere Elemente;

oder Substitution von gewissen Elemente einer Verbindung durch andere.

Das dualistische System stützte sich besonders auf die beiden ersteren Fälle chemischer Erscheinungen. Ausgehend von Lavoisier's Ideen über die Salze, betrachtete es alle Verbindungen als durch Addition zweier Elemente entstanden, die fähig bleiben, sich wieder von einander zu trennen. Dumas war der Erste, welcher, auf die Substitutionserscheinungen gestützt, das chemische Molekül als ein Ganzes ansah, dessen verschiedene Theile durch Verwandtschaft verbunden sind. Gerhardt nahm diese Idee auf. Er nahm aufserdem an, dafs alle chemischen Reactionen zwischen diesen einheitlichen Molekülen dadurch vor sich gehen, dafs sie ihre Elemente unter einander austauschen. Alles ist doppelte Zersetzung: durch diese Ausdrucksweise erklärte er alle chemischen Umwandlungen und dehnte so die von der Substitutionstheorie angeregte Auffassungsweise allzusehr aus. Wir wissen heute, dafs in seiner Reaction gegen die zu weit gehenden Ideen von Berzelius er selbst das rechte Mafs überschritten hat.

Es ist nicht richtig, dafs Alles doppelte Zersetzung ist: Elemente können sich anfügen und ablösen; es giebt Moleküle, welche fähig sind, durch directe Addition von neuen Atomen zu wachsen, und andere, welche zerreifsen und in unabhängige Bruchstücke zerfallen können.

Alle diese Reactionen werden durch den Begriff der Atomigkeit erklärt. Wir kennen die Neigung der Atome, ihre Verbindungsfähigkeit auszuüben, und das Gesetz der multiplen Proportionen zeigt uns, dafs dieselbe stufenweise befriedigt werden kann. In allen Fällen also, in welchen eine Verbindung ein mehratomiges Element enthält, das unvollständig gesättigt ist, strebt dieselbe, neue Atome anzuziehen, um jenen Sättigungszustand zu erreichen, welcher durch den Austausch aller Atomigkeiten bezeichnet wird.

Wir können somit in den chemischen Verbindungen zwei verschiedene Zustände unterscheiden: in den gesättigten Molekülen das Gleichgewicht der Atomigkeiten, in den unvollständig gesättigten Molekülen ein labiles Gleichgewicht, eine Lücke, und die Neigung, diese Lücke auszufüllen.

Weshalb kann das ölbildende Gas 2 Atome Chor anziehen, wie das Quecksilber oder wie das Zink, und so die Rolle eines Radicals spielen? Weil von den 2 Atomen Kohlenstoff, welche es enthält, ohne dafs sie sich deshalb trennen, jedes 3 einatomige Elemente anziehen kann, während sie in dem Gase selbst jedes nur 2 Atome Wasserstoff festhalten. Durch die Hinzufügung von 2 Atomen Chlor ist also das Molekül gewachsen und in einen Zustand übergegangen, in welchem es unfähig ist, noch andre Atome durch directe Vereinigung zu fixiren. Aber deshalb ist das neue Molekül, welches jetzt das Aethylenchlorid ausmacht, keineswegs unfähig geworden, sich zu verändern, und gleichgiltig, gewissermafsen unempfindlich gegen die Einwirkungen anderer Moleküle. Das Aethylenchlorid kann entweder zerreifsen oder einige seiner Elemente gegen andere austauschen. Wenn man sein Chlor dem Einflusse kräftiger Affinitäten aussetzt, so kann es entweder einfach losgetrennt oder durch andre Atome ersetzt werden. In dem letzteren Falle wird jedes Atom Chlor durch ein Element ersetzt, welches in der neuen, durch Substitution gebildeten Verbindung genau dessen Rolle ausfüllt, das heifst, das neue Element wird von dem Kohlenstoffatom durch eine Atomigkeit angezogen, welche vorher in dem Athylenchlorid das Chloratom gefesselt hatte. Wenn das neue Element einatomig ist wie das Chlor, so geht die Substitution Atom für Atom vor sich, und die neue Verbindung hat dann dieselbe molekulare Structur wie das Aethylenchlorid. Wenn umgekehrt das an die Stelle des Chlors getretene Element mehratomig ist, so bringt es in die neue Verbindung mehr Atomigkeiten mit, als nöthig sind, um eines der Kohlenstoffatome so zu sättigen, wie es das Chlor gethan hatte. Indem es den Platz des letzteren einnimmt, muſs es daher andere Atome mit sich in die Verbindung hineinziehen, welche fähig sind, seine freigebliebenen Atomigkeiten zu befriedigen. Das Molekül wächst also noch einmal, aber nicht mehr durch directe Addition neuer Elemente, sondern dadurch, daſs eine Atomgruppe, ein zusammengesetztes Radical, an die Stelle eines einfachen Körpers tritt. Auf diese Weise giebt die Atomigkeitstheorie Rechenschaft von der Function der Radicale, die in so vielen Reactionen an die Stelle von einfachen Körpern treten, und so erklärt und erweitert sie den berühmten Ausspruch der Urheber der Substitutionstheorie, welcher zuerst auf das Chlor angewandt wurde, daſs Elemente, welche in Verbindungen an die Stelle von andern Elementen treten, deren Platz und deren Rolle einnehmen.

Sie ersetzen dieselben durch ihre Verbindungscapacität und treten in dem neuen Körper zu demselben Atom in Beziehung, welches in der ursprünglichen Verbindung durch die ausgetretenen Elemente gesättigt worden war. Soll damit gesagt sein, daſs durch solche Substitutionen die Eigenschaften der Körper keine Veränderungen erleiden? daſs die Elemente, welche durch Substitution eintreten, die austretenden in allen ihren Eigenschaften ersetzen, und daſs es daher in Bezug auf seine Eigenthümlichkeiten einerlei ist, ob ein Körper Wasserstoff, oder ob er Chlor oder Sauerstoff an dessen Stelle enthält, wenn nur diese Substitution in aequivalenten Mengen nach dem Gesetz der Atomigkeit vor sich geht? Nein, in dieser Weise darf die Rolle der Elemente bei Substitutionen nicht verstanden werden. Wenn die Elemente von gleicher Atomigkeit einander ersetzen können, soweit ihre Werthigkeit, ihre Verbindungscapacität in Betracht kommt, so können sie in Bezug auf ihre Eigenschaften einander nicht ersetzen oder mit einander gleichwerthig sein, denn jedes bringt in die Verbindung seine eigne Natur, seine besonderen Verwandtschaften mit.

Um die Eigenthümlichkeiten der zusammengesetzten Körper zu erklären, hat man bald der Natur der Elemente, bald ihrer Lagerung einen vorwiegenden Einfluſs zugeschrieben. Richtiger ist es, zu sagen, daſs die Eigenthümlichkeiten der Körper gleichzeitig von beiden Bedingungen abhängen, da eine wie die andere beträchtlichen Einfluſs ausübt.

Auf Betrachtungen dieser Art muſs man zurückgehen, um die Eigenschaften oder richtiger die Functionen zu erklären, welche die Aufmerksamkeit der Chemiker am meisten auf sich gezogen haben: nämlich die der Säuren und Basen, welche in der Neutralisation dieser Körper bei der Salzbildung zur Anschauung kommen. Weshalb besitzen einige Körper die Eigenschaft, sauer zu sein? Lavoisier antwortete: weil sie viel Sauerstoff enthalten. Diese Antwort war gut, aber unzureichend. Wir wissen heute, daſs die Neutralisation der Säuren durch die Basen in dem Austausch des Wasserstoffs der einen gegen das Metall der andern besteht, und daſs dieser Wasserstoff eines solchen Austausches nur dann fähig ist, wenn er mit einem oder mehreren Elementen von stark elektro-negativer Natur in Zusammenhang steht. Ein Atom Chlor, Brom, Jod oder selbst Schwefel genügt, um den Wasserstoff in diese eigenthümliche Bedingung zu versetzen. Der Chlorwasserstoff, der Bromwasserstoff und der Jodwasserstoff sind kräftige Säuren, auch der Schwefelwasserstoff hat schwach saure Eigenschaften. Ein einziges Sauerstoffatom genügt nicht, um den Wasserstoff für einen solchen Austausch geeignet zu machen; hierzu ist es nöthig, daſs mit diesem Sauerstoff noch andere Elemente oder noch andere Sauerstoffatome in Zusammenhang stehen, und hier eben kommt der Begriff der Atomigkeit für die Erklärung dieser wichtigen Reactionen zur Geltung. Die Atome nehmen dadurch besondere Eigenschaften an, daſs

Die heutigen Theorien. 151

sie anderen Atomen benachbart sind und sie berühren. Die gegenseitigen Beziehungen, welche aus Betrachtungen über ihre Atomigkeit folgen, üben auf ihre Eigenschaften einen augenfälligen Einfluſs aus. Ein Beispiel wird genügen, um diesen Gedanken zu verdeutlichen.

Die Kohlenwasserstoffe bestehen, wie wir gesehen haben, aus einer Kette von Kohlenstoffatomen, welche von Wasserstoffatomen umgeben sind. Wenn eines der Wasserstoffatome, welches einem bestimmten Kohlenstoffatom zugehört, durch den Rest vertreten wird, welcher Oxhydryl genannt wird und Wasser weniger 1 Atom Wasserstoff ist, so entsteht durch solche Substitution ein Alkohol, das ist, ein neutraler Körper. Der Wasserstoff dieses Restes besitzt die Neigung nicht, sich gegen das Metall einer Base auszutauschen. Wenn aber ein zweites Atom Sauerstoff sich an diesen Rest anhängt, indem es sich mit demselben Kohlenstoffatom wie dieser vereinigt, so wird nun der Wasserstoff des Oxhydryls, welcher also jetzt mit 2 demselben Kohlenstoffatom anhängenden Sauerstoffatomen benachbart ist, in seinem Charakter, in seiner Function verändert. Mit einem einzigen Sauerstoffatom verbunden, war er neutral; durch die Nachbarschaft von zwei Sauerstoffatomen wird er basisch.[1]) In der That sind alle organischen Körper, in welchen ein Kohlenstoffatom mit einem Sauerstoffatom und einer Oxhydrylgruppe verbunden ist, Säuren, und die Function der Säure wird also hier nicht nur durch die Natur der verbundenen Atome bestimmt, sondern ebenso sehr durch ihre Anzahl und ihre gegenseitigen Beziehungen,

---

[1]) Durch Substitution einer Gruppe OH (Oxhydryl) an der Stelle eines Wasserstoffatoms in einem Kohlenwasserstoff entsteht ein Alkohol. Durch Substitution eines Atoms Sauerstoff und einer Gruppe Oxhydryl an der Stelle von drei Atomen Wasserstoff entsteht eine Säure. Eine Säure ist daher ein Körper, welcher einmal oder mehrmals die Gruppe CO^2H (Carboxyl) enthält:

H_3C-CH_3, H_3C-CH_2OH, $H_3C-CO.OH$, $HO.OC-CO.OH$
Aethyl-   Aethylhydrat   Essigsäure.   Oxalsäure.
wasserstoff. (Alkohol).

welche aus der Anschauung von ihrer Atomigkeit folgen. Wenn man den Dingen auf den Grund gehen will und fragt, auf welche Weise die Eigenschaften der Atome durch ihre Berührung also beeinflufst werden, und warum der Austausch von Wasserstoff gegen Metall in denjenigen Verbindungen so leicht ist, in welche dieser Wasserstoff mit einem oder mehreren Atomen von stark elektro-negativen Eigenschaften in Verbindung steht, so wird man ohne Zweifel finden, dafs diese Reactionen, diese Sättigungen von Säuren und Basen, dieser Austausch der Elemente mit Wärmeerscheinungen zusammenhängen.

Indem die Körper auf einander reagiren, verwenden sie einen Theil ihrer chemischen Kraft in der Form von Wärme, und die Reactionen, von welchen wir sprechen, und viele andere erhalten ihre Richtung durch die Menge der frei gewordenen Wärme. In allen diesen Wirkungen kommt die den Atomen innewohnende Kraft ins Spiel, welche durch ihre Verbindungswärme offenbar wird, und wenn dieselben eingetreten sind, so haben die Atome den gröfsten Theil ihrer Kraft in der Form von Wärme verloren, oder mit anderen Worten, so sind ihre Verwandtschaften auf das Vollständigste befriedigt.

Ist damit Alles gesagt? Gehören die wechselseitigen Wirkungen der Säuren und Basen, welche Lavoisier so gründlich untersucht und seinem System zu Grunde gelegt hat, alle der Klasse von Erscheinungen an, welche wir eben erklärt haben? Sind sie alle nur besondere Fälle der Substitutionstheorie? Das anzunehmen, wäre falsch, und es ist nothwendig, einen davon abweichenden Fall anzuführen, dessen sich die Anhänger der dualistischen Ideen gegen die neue Theorie bedienen könnten.

Die Säureanhydride können sich an wasserfreie Oxyde direct anheften und so Salze mit ihnen bilden. Vereinigt sich doch das Kohlensäuregas direct mit dem Kalk, und das Schwefelsäureanhydrid mit dem Baryumoxyd mit solcher Heftigkeit, dafs dasselbe in lebhaftes Glühen geräth. Hier ist kein Austausch von Elementen, keine Substitution des Metalls an die Stelle von Wasserstoff vorhanden, da das Säureanhydrid

DIE HEUTIGEN THEORIEN.

keinen Wasserstoff enthält. Indem wir dies zugestehen, müssen wir jedoch bemerken, dafs die Sättigung des Baryumoxyds mit Schwefelsäureanhydrid einer ganz anderen Klasse von Erscheinungen angehört, als die Neutralisation des Baryumhydrats mit Schwefelsäure. Diese Reaction ist, wie wir eben gezeigt haben, eine doppelte Zersetzung oder Substitution; die erstere dagegen geht aus einer Addition von Elementen hervor, indem 2 Moleküle, beide gesättigt, aber beide aus mehratomigen Elementen zusammengesetzt, durch einen Austausch von Atomigkeiten mit einander verkettet werden. In dem Baryumoxyd sättigen das Baryumatom und das Sauerstoffatom ihre sämmtlichen Atomigkeiten; in dem Baryumsulfat dagegen nur mehr die Hälfte derselben, indem die zwei Atomigkeiten, welche gewissermafsen disponibel geworden sind, dazu dienen, die Elemente des Schwefelsäureanhydrids zu befestigen.[1]) Die Addition von Atomen hat also durch eine Verrückung der Atomigkeiten stattgefunden; oder mit anderen Worten: die Atome der beiden Körper haben, um sich zu verbinden, ihre Lage verändert und sich dann auf eine bestimmte Weise verkettet, und diese Veränderung ihrer Lage und der darauf folgende Austausch ihrer Atomigkeiten hat einen Theil der ihnen innewohnenden Kraft in Anspruch genommen. Daher wurde Wärme entwickelt. Dieser besondere Fall, die Sättigung der Säureanhydride durch Oxyde, tritt also nach dem allgemeinen Gesetz der Reactionen ein, die wir voraussehen können und die von der Atomigkeitstheorie erklärt werden.

Hiermit wären wir denn am Ziel dieser Auseinandersetzung angelangt. Wir haben die chemischen Theorien von ihrem Entstehen an durch ihre verschiedenen Entwicklungen hindurch verfolgt. Wir haben partielle Theorien auftreten, sich gegen einander erheben und dann, nach beendetem Kampf,

---

[1]) Vgl. die Anmerkung auf S. 129 u. 130.

einander unterstützen und einer allgemeineren Theorie sich unterordnen sehen. Wir waren Zeugen davon, dafs der Fortschritt der Ideen den Entdeckungen auf der Ferse folgte und nach vielem Wechsel auf die eine Grundidee hinführte, dafs die erste Ursache der chemischen Erscheinungen in jener Verschiedenheit der Materie beruht, wonach jede elementare Substanz aus Atomen besteht, die mit einer bestimmten Kraftmenge und verschiedenen Fähigkeit, dieselbe zu äufsern, begabt sind. Diese beiden von einander unabhängigen Eigenschaften der Atome geben Rechenschaft von allen chemischen Erscheinungen: die erstere bestimmt ihre Intensität, die zweite ihre Art. Die Verwandtschaft und die Atomigkeit sind also beide Offenbarungen der Kraft, welche den Atomen innewohnt, und die Hypothese von den Atomen bildet heute die gemeinsame Grundlage aller unserer Theorien und die feste Basis unserer chemischen Kenntnisse. Ihr verdanken wir eine auffallende Vereinfachung der Gesetze von der Zusammensetzung der Körper, einen Einblick in ihre innere Structur, eine theilweise Erklärung ihrer Eigenschaften, ihrer Reactionen und ihrer Veränderungen, und in ihr wird ohne Zweifel in späteren Tagen der Stützpunkt für eine Molekularmechanik gefunden werden.

Es war daher eine grofse Idee, welche Dalton ausgesprochen hat, und von allen Fortschritten, welche die chemischen Theorien seit Lavoisier gemacht haben, kann man diesen als den wichtigsten bezeichnen. Er hat die Gestalt der Wissenschaft von Grund aus verändert: denn die letzten Entwicklungen, welche aus ihnen hervorgegangen sind, haben an die Stelle der alten Vorstellungen von der Wirkungsweise der Verwandtschaft und vom Dualismus der Verbindungen eine umfassendere Anschauung gesetzt, in welcher die dem System Lavoisier's zu Grunde liegenden Wirkungen der Säuren und Basen nur als besondere Fälle erscheinen. Die herrschende Idee dieses Systems von der dualistischen Constitution der Salze, die bereits vor funfzig Jahren von bedeutenden Köpfen angegriffen ward, ist heute nicht mehr annehmbar, und jeder Versuch, sie aufrecht zu halten, mufs vergeblich sein.

DIE HEUTIGEN THEORIEN.

Für den Unterricht, den diese Theorie durch ihre schöne Einfachheit sechzig Jahre lang ohne Widerspruch beherrscht hat, ist dieser Verlust wol mit Unrecht bedauert worden. Die entgegengesetzte Hypothese, welche Davy und Dulong vorgeschlagen und Laurent und Gerhardt durchgekämpft haben, umfaſst eine gröſsere Anzahl Thatsachen und giebt von ihnen eine richtige und deutliche Erklärung. Auch Lavoisier's Ruhm bleibt dadurch unverändert bestehen: denn dieser beruht auf seinen unvergeſslichen Entdeckungen, auf seiner Methode, auf den ewigen Grundsätzen, welche er über die Natur der einfachen Körper und der chemischen Verbindung ausgesprochen hat, nicht aber auf seiner Ausdrucksweise für die Constitution der Salze. Die dualistische Hypothese, durch welche er diese Constitution erklärte, und welche seine Nachfolger auf die ganze Chemie ausdehnten, hat ihre Zeit gehabt. Denjenigen, welche aus Gewohnheit oder aus Ueberzeugung dieselbe noch heute festzuhalten und mit dem groſsen Namen Lavoisier's zu schirmen suchen, möchten wir Baco's Wort zurufen: „Die Wahrheit ist das Kind der Zeit und nicht der Autorität!"

ZUSATZ
zu S. 99 u. 134.

Kolbe und die Structurformeln.

Die Betrachtungsweise, welche Kolbe 1859 ausführlich entwickelte, ordnete alle organischen Körper unter zwei Typen, den Typus Kohlensäureanhydrid $C_2 O_2 . O_2$ und den Typus Kohlensäure $2 HO . C_2 O_2 . O_2$.[1]) Er hielt die alten Atomgewichte (Kohlenstoff $= 6$, Sauerstoff $= 8$) aufrecht und betrachtete danach die organischen Verbindungen als Substitutionsproducte der angeführten typischen Substanzen in welchen ein oder mehrere Sauerstoffatome durch Wasserstoff oder durch Radicale vertreten sind. Durch Einführung von H in der Kohlensäure für O ($= 8$) und gleichzeitigen Austritt von HO entsteht $HO . H . C_2 O_2 O$, Ameisensäure; durch Einführung von Methyl und gleichzeitigen Austritt von HO entsteht $HO . C_2 H_3 . C_2 O_2 O$, Essigsäure, während die zweiatomigen und zweibasischen Säuren sich auf ganz analoge Weise aus der verdoppelten Kohlensäureformel ableiten lassen.

Durch gleichzeitige Substitution von $C_2 H_3$ und H_2 für O_3 entsteht aus der Kohlensäure unter Austritt von HO

$HO . H_2 (C_2 H_3) C_2 O$ Alkohol.

Vom Typus $C_2 O_2 O_2$ dagegen leiten sich unter anderem

Aldehyd $\genfrac{}{}{0pt}{}{C_2 H_3}{H} C_2 O_2$ und Aether $\genfrac{}{}{0pt}{}{C_2 H_3}{H_2} C_2 O$ ab.

---

[1]) Vorher, besonders 1850, hatte Kolbe Paarungsformeln aufgestellt, für Essigsäure z. B. die Formel $(C_2 H_3)\frown C_2 O_3$, HO, welche seine Synthesen der Essigsäure, von denen er die eine 1847 gemeinsam mit Frankland ausgeführt hatte, und seine Elektrolyse derselben ihm zu beweisen schienen. Sie lehnten sich an Berzelius Formeln (S. 65) an.

ZUSATZ. 157

Dazu, daſs diese Schreibweise den Zusammenhang der Körper unter einander weniger klar ausdrückt, als es die Formeln der Gerhardt'schen Typentheorie thaten, kommt noch der Umstand, daſs sie in dieser Form nur möglich war, so lange man die alten Atomgewichte beibehielt, daſs sie also nach correcteren Anschauungen mit halben Atomen und halben Molekülen manipulirte. Die wichtige Trennung von Atom, Molekül und Aequivalent, welche Gerhardt aufgestellt hatte, ging in ihnen verloren, bis in der letzten Zeit (1869) Kolbe dieselbe adoptirte und seine Formeln entsprechend umgestaltete. Hierbei kam jedoch der Grundgedanke, Vertretung von $O = 8$ durch H, abhanden.

Dennoch sind durch dieses System mehrere wichtige Anschauungen gefördert worden, vor Allem die Auffassung der Sulfosäuren, welche Kolbe ebenso aus der Schwefelsäure ableitete, wie er die gewöhnlichen Säuren aus der Kohlensäure entwickelte. Wie aus der Kohlensäure die Essigsäure, so geht aus der Schwefelsäure $2\,HO\,.\,(S_2\,O_4)\,O_2$ die Methylschwefelsäure $HO\,.\,C_2\,H_3\,.\,(S_2\,O_4)\,O$, so geht aus 1 Aequivalent Kohlensäure und 1 Aequivalent Schwefelsäure die Essigschwefelsäure

$$2\,HO\,(C_2\,H_2)''\,{\begin{matrix}C_2\,O_2\\S_2\,O_4\end{matrix}}\,O_2$$

hervor.

Die heute geltenden Anschauungen über die Constitution der Säuren ist durch diese Schreibweise in so fern mit angeregt worden, als sie auf die Vortheile hinwies, welche aus einer Zerlegung der Formeln entspringen. Aber die Nothwendigkeit und das richtige Princip einer solchen Zerlegung folgte weit weniger aus dem eben besprochenen System, als aus der oben entwickelten Erkenntniſs von der Vieratomigkeit des Kohlenstoffs. Sie ergab sich auf schlagende Weise bei dem Studium der Milchsäure.

Im Jahre 1859 entspann sich eine wichtige Discussion darüber, ob diese Säure einbasisch sei, wie es die Kolbe'sche Formel

$$HO\,(C_4\,{\begin{matrix}H_4\\HO_2\end{matrix}})\,C_2\,O_2\,O$$

158   ZUSATZ.

auszudrücken meinte, oder zweibasisch, wie es aus der typischen Formel

$$C_3 H_4 \left. \begin{array}{l} H'O \\ O \\ H \end{array} \right\} \begin{array}{l} O \\ O \end{array}$$

hervorging und wie es Wurtz durch ausgedehnte Arbeiten, besonders durch Darstellung des zweibasischen Milchsäureäthers vertheidigte. Wurtz erkannte, dafs die Basicität der Säuren mit der Anzahl ihrer intraradicalen Sauerstoffatome zusammenhänge und dafs eines der beiden typischen Wasserstoffatome der Milchsäure durch Säureradicale vertretbar sei. Von diesen beiden typischen Atomen unterschied er deshalb das eine als basischen Wasserstoff und nannte die Milchsäure: „wenn nicht zweibasisch so doch zweiatomig."

Kekulé und Socoloff drückten diesen Unterschied in demselben Jahre dadurch aus, dafs sie das eine der typischen Wasserstoffatome den alkoholischen Wasserstoff, das andere den Säure-Wasserstoff nannten. Der alkoholische Wasserstoff ist nach Kekulé in der Nähe von nur einem Sauerstoffatom, der Säurewasserstoff in der Nähe von zwei Sauerstoffatomen befindlich. Die alkoholische Natur des ersteren, seine Vertretbarkeit durch Säureradicale, durch Natrium und durch Alkoholradicale ging aus Wurtz Arbeiten hervor.

Noch von einer anderen Seite her regte die Milchsäure zur Aufstellung von Constitutionsformeln an. Nachdem Liebig 1847 die Fleischmilchsäure von der gewöhnlichen Milchsäure unterschieden hatte, war 1850 von Strecker aus Aldehyd das Alanin und aus diesem die gewöhnliche Milchsäure bereitet worden. Von 1856 bis 1859 reichten Wurtz denkwürdige Arbeiten über Glycol und Aethylenoxyd, und der letztere Körper veranlasste nicht nur die Aufstellung von Constitutionsformeln für ihn selbst und das isomere Aldehyd (besonders durch Lieben), sondern auch die Vermuthung, dafs die Fleischmilchsäure zum Aethylen in derselben Beziehung stehen möge, wie die gewöhnliche Milchsäure zum Aethyliden. Im Jahre 1863 bewies Wislicenus diese Ansicht durch Synthesen und gleichzeitig war

ZUSATZ.

nach seiner Arbeit die verschiedene Natur des alkoholischen und des Säurewasserstoffs, die Bedeutung der Säuregruppe C O O H klar ersichtlich.

Die Formeln

$$\begin{array}{cc} \mathrm{CH_2OH} & \mathrm{CH_3} \\ | & | \\ \mathrm{CH_2COOH} & \mathrm{HO.CH.COOH} \\ \text{Aethylenmilchsäure} & \text{Aethylidenmilchsäure.} \end{array}$$

drücken diese Unterschiede beide aus.

Vorbereitende Schritte zu dieser Erkenntnifs waren seit lange vorhanden. Der Weg, welchen Wislicenus einschlug, war im Princip derselbe, welcher 1847 Kolbe gleichzeitig mit Dumas, Malaguti und Leblanc zur Synthese der Essigsäure aus Cyanmethyl geführt hatte. Aber weder diese Entdeckung noch Kolbe's Electrolyse der Essigsäure (1849) noch Wanklyns Synthese derselben aus Natriummethyl und Kohlensäure (1859) konnte die jetzt gewonnene Einsicht vermitteln, so lange nicht an der Milchsäure und ihren Homologen der Unterschied der beiden Wasserstoffatome zum Bewusstsein gekommen war.[1])

Mittlerweile hatten wichtige Untersuchungen auch anderer Art die Lagerung der Atome im Molekül experimentell zu erforschen gelehrt. Immer war es die Isomerie, deren Erklärung derartige Untersuchungen veranlasste.

Um 1861 beschäftigte sich Kekulé mit der Fumarsäure und Maleinsäure und fand, dafs ihre Isomerie in ihren Brom-Additionsproducten fortdauert: dafs sie mit Brom verschiedene Brombernsteinsäuren, mit Wasserstoff dagegen dieselbe Bernsteinsäure bilden. Er erklärte dieses Verhalten daraus, dafs die ungesättigten Säuren an verschiedenen Stellen Lücken haben, dafs die gebromten Säuren deshalb das Brom an verschiedene (von verschiedenartigen Atomen umgebene) Kohlenstoffatome angelagert enthalten, während die Addition von

---

[1]) Auch Debus' Arbeiten über Glycolsäure (1856) und ihr Aldehyd hat auf diese Erkenntnifs wesentlichen Einflufs geübt.

Wasserstoff eine gleichartige Ausfüllung dieser Lücken zur Folge hat.

Vier Jahre später, gestützt auf die Synthese isomerer aromatischen Kohlenwasserstoffe durch Fittig und Tollens, veröffentlichte derselbe Forscher seine glänzende Theorie der aromatischen Verbindungen. Der Gegenwart angehörig, hat dieselbe in allen neueren Lehrbüchern Platz gefunden und bedarf deshalb hier keiner eingehenden Besprechung.

Durch viele Chemiker (Butlerow, Erlenmeyer u. A.) wesentlich gefördert, sind die Structurformeln zur Grundlage der meisten modernen Forschungen geworden. Pebal's und Freund's Synthese des Acetons, Schorlemmer's Untersuchungen über gesättigte Kohlenwasserstoffe, Hofmann's und Gautier's Entdeckung isomerer Cyanide, sowie des Ersteren ausgezeichnete Arbeiten über Guanidine und Senföle, die Erklärungen vieler complicirter Naturkörper, welche wir Baeyer, die Aufschlüsse über Chinone, welche wir Gräbe, und die unerwarteten Entdeckungen aus der Chemie des Silicium's, die wir Friedel und seinen Mitarbeitern verdanken, diese und viele andere bedeutende Untersuchungen stehen alle auf derselben Basis.

Es geht weit über die Grenzen und Aufgaben dieser Darstellung hinaus, auf dieselben einzugehen.

Eine einzige Reihe von Arbeiten jedoch muſs schlieſslich hier näher besprochen werden, weil, abgesehen von ihrer Wichtigkeit für die Entwickelung der Wissenschaft, sie den Einfluſs gegenüberstehender Theorien zu vergleichen gestatten. Es sind dies die Arbeiten über isomere Alkohole, Säuren und Aether, welche besonders zwischen den Jahren 1862 und 1864 veröffentlicht worden sind. Den Anfang machte die Entdeckung von Wurtz, daſs die Jodwasserstoffverbindungen höherer zweiatomiger Kohlenwasserstoffe mit feuchtem Silberoxyd nicht gewöhnliche, sondern mit den gewöhnlichen isomere Alkohole liefern. In demselben Jahre (1862) verwandelte Friedel durch Addition von Wasserstoff das Aceton C_3H_6O in den Alkohol C_3H_8O. Die Structur des Aceton's war durch die oben erwähnte Synthese unzweifelhaft festgestellt und aus ihr liefs sich diejenige des Alkohols folgern. Friedel zog es vor die Natur desselben, bevor er sie zu erklären versuchte, experimentell nachzuweisen. Er war mit dieser Arbeit beschäftigt, als Kolbe in einer Reclamation mit Recht daran erinnerte, dafs er bereits zwei Jahre früher die Existenz isomerer Alkohole vorhergesagt und erklärt habe.

Diese Prognose war auf seine oben besprochenen Alkoholformeln:

$$\left.\begin{array}{l}H\\H\\H\end{array}\right\}C_2\,O\,.\,HO\,; \qquad \left.\begin{array}{l}C_2\,H_3\\H\\H\end{array}\right\}C_2\,O\,.\,HO$$

Methylalkohol.   Aethylalkohol.

gegründet.

Der Acetonalkohol erschien danach als einfach methylirter Aethylalkohol oder als zweifach methylirter Methylalkohol:

$$\left.\begin{array}{l}C_2\,H_3\\C_2\,H_3\\H\end{array}\right\}C_2\,O\,.\,HO$$

mit neuen Atomgewichten:

$$\left.\begin{array}{l}CH_3\\CH_3\\H\end{array}\right\}C\,.\,OH$$

Dies wurde bald durch Friedel's Untersuchung bestätigt und 1863 (und im folgenden Jahre) entdeckte in ausgezeichneten Arbeiten Butlerow verschiedene Alkohole, in welchen noch das dritte Wasserstoffatom des Methylalkohols durch Radicale ersetzt war, was Kolbe als möglich gleichfalls vorher erkannt hatte. In demselben Jahre zog Kolbe analoge Folgerungen auf die Existenz isomerer Fettsäuren, die wenig später durch Erlenmeyer's Synthese der Isobuttersäure und durch eine Reihe merkwürdiger Entdeckungen von Frankland und Duppa bekannt wurden. Die schwierige Synthese oxyäthylirter, äthylirter und methylirter Aether durch Lieben schlofs sich gleichzeitig an diese Arbeiten an (1864).

Sollte die Bedeutung von Kolbe's Prognosen oder ihr Einflufs auf die Arbeiten Anderer je verkannt worden sein, so würde die geringere Uebersichtlichkeit seiner Aequivalentformeln dies nur theilweise erklären. Die hauptsächliche Schwierigkeit, dieselben richtig zu würdigen, liegt vielmehr darin, dafs die Voraussetzungen, auf welchen diese Prognosen beruhen, mit den heute geltenden Anschauungen von der Verkettung der Atome völlig übereinzustimmen scheinen, während Kolbe doch diese Ansichten, die nicht nur „jüngere Chemiker blenden" [1]), sondern berühmte Forscher in ihren Entdeckungen leiten, mit unzweideutiger Energie verurtheilt.

So kommt es denn, dafs er neben isomeren Körpern, welche bald darauf entdeckt worden sind, viele andere vorhersagt, welche nach den heute angenommenen Anschauungen nicht entdeckt werden können, weil sie nicht isomer, sondern identisch mit schon bekannten Verbindungen sind. Unter vielen Beispielen entnehmen wir Kolbe's Vortrag über die Constitution der Kohlenwasserstoffe (1869) nur die folgenden Formeln angeblich isomerer Propylwasserstoffe:

$$\left.\begin{array}{l}(CH_2)'' \\ H_2 \\ H_2 \\ H_2\end{array}\right\} C_2 \text{ isomer mit } C \left\{\begin{array}{l}CH_3 \\ CH_3 \\ H_2\end{array}\right.$$

So lange nicht nachgewiesen ist, wie in der ersten dieser Formeln die zwei aufserhalb der Klammer figurirenden vieratomigen Kohlenstoffatome zusammenhängen, ohne dafs diese Formel in die zweite übergeht, müssen diese Körper als identisch gelten. Gelänge es dennoch eine Isomerie zwischen ihnen nachzuweisen, so fiele damit die Ansicht von der Verkettung der Atome nicht nothwendigerweise. Man würde ihre Isomerie erklären können, entweder dadurch, dafs die Valenzen des Kohlenstoffs statt, wie wir heute annehmen, gleichwerthig, vielmehr ungleichwerthig sind, oder dadurch, dafs der Kohlenstoff mehr als vieratomig ist, oder endlich dadurch, dafs die Theorie von der Verkettung der Atome keinen Boden unter den Füfsen hat. Von diesen Hypothesen nimmt Kolbe

---

[1]) Die Constitution der Kohlenwasserstoffe von H. Kolbe. Braunschweig 1869.

ZUSATZ.

im Voraus nur die dritte an. Er behauptet, dafs die Kohlenstoffatome nicht sämmtlich denselben „Rang" haben und unterscheidet auf dem Papier sogenannte „Stammkohlenstoffe" durch besondere Lettern von den anderen.

So lange diese Voraussetzungen nicht erwiesen, und selbst nicht scharf definirt sind, ist es sicher keine Unterschätzung der Verdienste jenes grofsen Experimentator's, wenn man die heutigen Theorien hoch hält und wenn man sie vor Allem denjenigen Chemikern dankt, welche durch ihre Arbeiten die Typentheorie geschaffen, gestützt und allmählich in die Lehre von der Atomigkeit, der Valenz und Verkettung der Atome, übergeführt haben.

Auch diese fruchtbare Lehre erhebt keinen Anspruch auf unwandelbare Fortdauer. Die Chemie strebt mehr und mehr danach, sich auf physikalischer Grundlage neu zu erbauen und nicht ohne Aussicht auf Erfolg lehnen sich schon heute Versuche dazu an die atomistische Theorie in ihrer jetzigen Form an.

Mit unzweifelhaftem Rechte behauptet darum Kolbe (a. a. O.) dafs die von ihm verworfenen Theorien nur „eine ephemere Existenz" haben werden. Aber das ist das Schicksal jeder Theorie, welche ihnen vorausgegangen und vermuthlich auch jeder Theorie, welche ihnen folgen wird. Wäre es anders, so würden wir schon heute die Wahrheit völlig besitzen, oder aufhören müssen, sie zu erstreben.

(A. O.)

INHALT.

Vorwort	Pg. III.
Einleitung	„ 1
Lavoisier	„ 4
Dalton und Gay-Lussac	„ 21
Berzelius	„ 36
Laurent und Gerhardt	„ 67
Die heutigen Theorien	„ 106
Zusatz vom Herausgeber: Kolbe und die Structurformeln	„ 156

Berichtigungen.

Pg. 17	Zeile 1	statt Sulfid	lies	Sulfit.
„ 57	„ 13 v. u.	„ kann	„	kannte.
„ 65	„ 1 u. 2 v. u.	„ +O	„	+OH.
„ 100	„ 17	„ Carbonyloxyd	„	Carboxyloxyd.
„ 109	„ 12 v. u.	„ Säuren	„	Säure.
„ 130	„ Anmerkung	„ Ba$\mid$O—O	„	Ba$\triangle$O—O

Hausdruckerei Dr. Martin Sändig oHG., Niederwalluf